重庆近代城市建筑

A LIST OF CHONGQING
MODERN URBAN ARCHITECTURE

欧阳桦 著

重庆大学出版社

序言

Preface

● 重庆——山城、江城、历史文化名城。独特的地理环境，个性鲜明的巴渝风貌，不可替代的陪都历史……让重庆作为一座近代崛起的城市，留下了许多承载着多元文化印记的历史建筑。

● 最初开始关注重庆近代城市建筑是在20世纪80年代初，那时我还在西南师范学院美术系就读。为创作有关重庆题材的组画而收集这方面的背景素材，老师要求我们深入城市的大街小巷，注意观察具有山城特色的房屋建筑和山地城市景观，感受其独特的城市风貌所具有的美感，并提炼出可资创作的元素。我穿梭于城中街衢纵横的角落，收集记录了一些有时代特色的建筑的资料。开始只是很新鲜、好奇，没想到一经接触就逐渐被传统建筑艺术的魅力所感染，对建筑及其历史产生了极大的兴趣。尝试用自己擅长的方法，去触摸、去感受城市建筑所蕴含的岁月沧桑感。

● 重庆有特殊的地理环境，有大量的不可用地和难用地的存在，人们要争取居住空间，就要与自然抗争，来夺得适当的建筑基地，最大限度地利用陡坡、峭壁、悬崖来营建房屋。在漫长的岁月中，重庆逐渐形成了复杂的山地城市景观。今天回首望去，我们会惊讶地发现，重庆老城除山形地貌特殊外，散落在城市中的建筑遗迹，不但能勾勒出曾经喧嚣的都市掠影，而且负载着历史的积淀和文明的传承，有一种特殊的形态、磅礴的美感。

● 渐渐地，收集的资料不再仅仅为了主题绘画创作服务，而是对在特定环境之中的建筑物本身进行记录、研究。经过多年的积累，手中掌握的各类建筑形象素材和相关的建筑史料已有不少，但要把这些素材整理出来，实属不易。要倾注大量的精力和时间，持久地考验人的决心和耐心，常常让人陷入困顿之中，进退两难。最终还是凭借自己对这项工作强烈的兴趣，以及对城市历史的热爱才坚持了下来。我选择用钢笔画这种艺术形式来表达重庆老建筑，是因为这种形式凝重而单纯，其黑白色调带给作品独特的生命力，能将其岁月的古朴质感表现出来，触动人的心灵，引发怀旧之情。创作过程中，重庆大学建筑城规学院在各方面为我提供了良好的工作条件；学院的范红军、张伟、周恒、曹正伟诸君以及林雪源、杨古月、章彬几位老师长期鼎力支持关注本题材的创作进展情况，更对画面的处理方法等具体问题提出过很多意见和建议，使作品在真实性和艺术性等方面能够更趋完善。

● 经多年潜心研究整理，最终形成《重庆近代城市建筑》初稿，荣幸入选了重庆市重点出版项目，并于2010年第一次出版。问世后受到读者好评，荣获了中国大学出版社图书奖第二届优秀学术著作一等奖。这次，在内容及版式上作了不少更新，增加、替换了大量新整理出的作品，以更丰富的内容、更有价值的资料、更有趣的画面，回报读者的厚爱。希望这些画作能够将一处处在时间的冲蚀中渐渐淡出的城市老建筑，重新牵回人们的视野，在今天高楼大厦林立的都市中轻轻搅动我们关于山城的驳杂记忆，让更多的人来欣赏城市建筑之美，唤起更多的人加入到关注和保护历史建筑的行业中来。

欧阳桦

2021年夏日于重庆大学东村

目录

Contents

概述

Summary

● 以1840年鸦片战争为标志，中国步入了半封建半殖民地的近代（一般指1840—1949年）社会，以此为开端的中国近代建筑的历史进程，也由此被动地在西方建筑文化的冲击、激发与推动之下展开了。其间，一方面是中国传统建筑文化的继续，一方面是西方外来建筑文化的传播，二者的碰撞、交叉、融合，构成了中国近代建筑史的主线。随着殖民的扩张，帝国主义列强逐渐把对中国的掠夺从沿海推向内地，千方百计深入四川、重庆甚至整个西南地区。而这之前，西方传教士也已捷足先登，在这些地区的城市和广大乡村开展传教活动。随着社会性质的改变和受到外来建筑文化的影响，重庆城市建筑的面貌也开始逐步发生变化。由于重庆地处特殊的地理区位，高山阻隔，信息闭塞，交通不便，长期受社会经济发展条件的制约，向近代城市转型的进程十分缓慢和曲折，与东部或沿海城市相比，有明显的差异。但正是这种差异，更显出重庆近代城市建筑的地域特色、文化特性和自身价值。

开埠前后
重庆近代城市建筑的
兴起和发展

● 重庆是一座屹立在嘉陵江与长江交汇处的山地城市，处于中梁山和真武山之间的丘陵地带，市区位居枇杷山、鹅岭为主体的半岛上，城市周围众山环抱，重峦叠嶂。城内台地和江滨之间高差最大达120米，最低也有30米之多，城西端的佛图关为半岛山脉的脊点，与河滨之间高差更达200米。这种特殊的地形使得城市的平面在山峦起伏变化下呈现出竖向的形态和具有向上生长的力度感，与其他平原城市相比，具有景观更为丰富，城市形象的立体感、层次感更加鲜明的特点。这种特点在很早就被外来的宗教所利用。西方传教士于清朝中期进入重庆，从1702年第一座天主教堂——光华楼圣堂开办伊始，便竭尽全力要把重庆发展成川东地区西方宗教的传播中心。重庆的山地环境又恰好成为展示西方宗教的极好平台，传教士们力图把教堂修建在险峻雄伟的山峰之上，以显示宗教神圣的视觉形象及精神征服力。至今城中多处制高点上都保存有或曾经有过教堂及教会建筑的遗迹，如鹅项岭教堂、山城巷仁爱堂、地母亭若瑟堂、白果树修院、铜锣峡教堂、丛树碑教堂、慈母山教堂、水鸭凼教堂、黄桷垭广益书院、复生湾幼稚园、戴家巷宽仁医院、叶家山仁济医院、马鞍山万国医院等。这些教堂和教会建筑同时也带来了新的建筑技术和新的建筑观念，为传统乡土建筑打开了一扇联系世界的窗口。这种由教会率先兴起的建造活动是重庆近代建筑初始期的主要内容，形成了一道具有异域风情的景观，也成为重庆近代城市风貌中的一个重要部分。

● 重庆是一座山城，又是一座江城，具有得天独厚的水运交通优势。明清以来，在蜀道艰险、陆路交通极为困难的西南各省，由长江及嘉陵江、岷江、沱江等水系构成的交通网便成为相互之间联系的动脉。重庆则因两江河流的通达而有得天独厚的水运交通优势，成为长江上游，乃至整个西南地区的政治中心和军事重镇。1840年后，又逐步成为区域性经济中心，是帝国主义列强及各种利益集团将触角伸进四川和西南地区的前沿阵地。在清中期和末期先后渗入重庆的不但有外国政治和宗教势力，更多的还有西方商业冒险家势力。1891年重庆开埠以后，法国、日本、美国、德国继英国之后纷纷设立领事馆占据重庆山水空间环境的许多重要地段，以扩大各自的势力范围。洋人区和租界逐渐形成，区域内洋行大楼、仓库、工场、酒馆、俱乐部、专用码头从高到低，密集排列。它们大部分是西方各国在其他殖民地所用的同类建筑的翻版，多为一二层楼的“券廊式”和欧洲古典式建筑。这些具有西方建筑特色的商业建筑在市郊沿江一带广泛分布，并在传播与变异中逐渐扩大其影响，成为重庆城市近代化的重要特点。

重庆设市对近代城市建设的推动

● 1929年2月15日，依照国民政府颁布的《市组织法》，经国民革命军第二十一军军部批准，重庆正式建市，标志着重庆城市近代化进程趋于系统化。这对促进城市市政建设和城市经济发展都有至关重要的作用。重庆设市以后政府采取了许多措施，对重庆城市进行了两次规划，意在拓展城区面积，以缓解市区狭窄、城市用地紧张的矛盾。其中最为明显的是打破了古城长期以来封闭的城池界限，开辟了新市区，从而扩大了整个城市的范围。

● 新市区的开辟是将重庆旧城分别以南、中、北三路向西推进。南路从南纪门沿长江经石板坡、燕喜洞、菜园坝向西推进到兜子背；中路自通远门经观音岩、上罗家湾向西推进到两路口，再转北到上清寺、曾家岩；北路自临江门沿嘉陵江经黄花园、大溪沟、马鞍山向西推进到牛角沱与中路相会。这期间旧城区扩大了一倍多，市区面积共约80平方公里，沿路修建了大量的堡坎、涵洞、大小旱桥和相关基础设施，在很大程度上缓和了狭窄的市区与城市发展不相适应的突出矛盾。

● 新市区开辟最棘手的问题是在通远门、南纪门、临江门等几处棺山坡上有数十万座有主或无主荒坟丛冢需要迁移，阻力极大。但市政府力排众议，坚决迁坟。从1927年8月开始，市政府组织劳工一面迁坟，一面修筑交通干道，并沿交通干道两侧修建配套房屋。公路修成以后，滑竿、轿子等落后的交通工具逐渐消失，代之而起的是汽车、黄包车（人力车）。交通状况的改善，方便了市民的生活，促进了重庆经济的发展。这一工程也扰乱了这几处昔日荒山坟地原有的平静，为了安抚民众，平息闹鬼传说，市政府于1930年在通远门外的七星岗山坡上修建藏式菩提金刚塔以慰藉亡灵。

● 在新修公路穿过一些旧式狭窄街道时，对两旁的街边建筑一律采取部分切割的办法，以扩宽道路。这样很多房屋进深被公路占去大半，以致狭窄异常，甚至全无安设楼梯的位置，只能用活动竹梯上下。对于厨房设于楼上或屋顶的人家，也造成了挑水、运炭等种种不便。因此很多住户和经商者叫苦不迭。

● 城市扩大后，市政建设方面也有了很大发展。例如：开辟了中央公园、江北城公园，作为城市公共园林，改变了重庆无公园绿地、民众无休闲游览之处的状况；新建了朝天门、嘉陵、江北、千厮门、太平门、飞机坝、金紫门、储奇门轮船码头，有力地促进了川江航运业的发展，为重庆工商业的进一步繁荣创造了条件；积极筹备自来水厂、电力厂，改进公用、民用电灯、电话等设施，尤其是自来水厂的创办，为市民的生活和城市消防提供了保障；改变了传统街区凌乱狭窄、低矮拥挤、杂乱无章的固有形象。这些改进使得重庆从中国传统格局的城市逐渐转变为具有某些西式元素的新型城市，城市布局、市政工程、园林绿化、市容市貌都得到很大改观。交通干道所到之处，各种市政设施和临街建筑相互配套，沿途建设了商店、学校、市民活动场所、各类工厂和手工业作坊等，城市主要街道开始出现三至五层的楼房，繁华区域逐渐由两江沿岸向公路两侧转移。

● 1928年，重庆市区又有所扩大，沿长江一线扩大到鹅公岩一带，沿嘉陵江一线扩大到李子坝、化龙桥一带，中路则扩大到佛图关。1933年，南岸弹子石、龙门浩、海棠溪等码头以及江北城、溉澜溪、刘家台、香国寺等也被划入市区，重庆新市区的大致轮廓开始形成，近代山地城市风貌初具规模。

重庆陪都时期城市建设的迅猛发展

● 1937年7月7日，抗日战争全面爆发。同年10月29日，蒋介石在国防最高会议上作《国府迁渝与抗战前途》讲话，正式提出国民政府迁都重庆。10月30日，国民政府决议迁都重庆。11月20日，国民政府公开发表《国民政府移驻重庆宣言》。11月25日国民政府以重庆高等工业学校为驻渝府址，并将其改建完工，26日国民政府主席林森率政府工作人员抵达重庆。1939年5月5日，国民政府令重庆市升为行政院特别市。1940年9月6日，国民政府又发布命令定重庆为战时首都。

● 迁都重庆对重庆城市建设产生了深远影响。随着国家政治中心的转移，大批国家机关、工矿企业、金融商贸机构、科技文化团体和各类学校相继迁渝，城市人口迅猛增长。国民政府组成迁建委员会领导迁建工作，迁建区的形成使城市范围和规模也随之迅速扩大，东起涂山脚下，西到沙坪坝，南抵大渡口，在两江半岛的市区周围形成了若干卫星城镇。重庆城市的管辖面积也由20世纪30年代的93平方公里增加到1940年的300平方公里。

● 当时迁渝的国民政府党政军警机关各部门共一百多个，主要集中在上清寺、大溪沟、储奇门一带，其中储奇门国民政府军事委员会重庆行营大院内房屋众多，机关林立。另外，许多党政机关还在郊区设有乡村办事处。

● 迁渝的大中型工矿企业四百多家，形成了多个工业点、工业区。主要集中在水运交通方便且较为隐蔽的市内两江沿岸和川黔公路沿线。在两江沿岸设厂的大中型军工企业（隶属于军政部兵工署）有鹅公岩的第一兵工厂、忠恕沱的第十兵工厂、铜元局的第十一兵工厂、簸箕石的第二十一兵工厂、磁器口的第二十二兵工厂、张家溪的第二十五兵工厂、王家沱的第三十兵工厂、郭家沱的第五十兵工厂、大渡口的钢铁迁建委员会。大批实力雄厚、技术先进的外来企业的聚集使重庆一扫重工业的空白。由于军用物资的迫切需求和建设市场迅速膨胀，重庆掀起了一股工业建设热潮。在重庆遭受轰炸最频繁的那几年，全市开工的工厂仍有528家，为抗日战争全面爆发之前的11.73倍。这期间形成了兵工、纺织、矿业三大产业，重庆成为抗日战争时期全国制造业中心，加快了城市化和近代化进程，也奠定了之后重庆作为长江上游经济中心的基础。

● 高等学校的迁渝是以1937年8月南京国立中央大学的内迁肇始，创下了我国教育史上最大规模的高校迁徙纪录。国立中央大学、中央政治学院、国立交通大学、复旦大学等著名高校都迁到了重庆。内迁的三十多所各类学校主要集中在重庆沙坪坝、北碚夏坝、江津白沙坝以及成都华西坝，形成当年大后方著名的“文化四坝”。这些学校多租用本地的民房、寺庙、祠堂作临时校舍，或与当地学校共用校舍，待条件成熟时，再择址另建校舍；但建造的大多为临时的简易校舍，且规模较小；唯有南开大学和南开中学的校舍建设从校园选址、规划布局到建筑配套都非常严谨、周到、完善。高校内迁带动了重庆本地的教育发展，重庆的中等学校到1944年已增加到72所，学生25 449人，为战前的3.6倍；国民教育学校到1945年增加到294所，比1940年增加了7倍。这么多学校和优秀人才云集重庆，在中国教育史上是空前的。其间所培养出来的人才，为国家的复兴和重庆城市的建设作出了重要贡献。

● 一些迁渝的公司、商贸企业主要集中在上半城“精神堡垒”，即现在的解放碑所在的督邮街附近，如国货公司、元宝公司、冠生园、西大公司、琼林商场、国泰大戏院、皇后舞厅、白玫瑰舞厅等。金融机构则集中在小什字、打铜街、新华路等地。这些公司、商贸企业和金融机构的迁入刺激了重庆城区的繁荣，形成了新的商业街区。商业中心由下半城逐渐转移到了上半城，督邮街及其附近街道成了陪都重庆的最繁华地段。新的商业区逐渐代替了原有旧城以官署寺庙为重心的布局，而成为城市生活的中心。

● 重庆在工业、商贸、教育、文化大发展的同时，来自全国各地的工矿企业、教育文化团体在自建厂房、商店、学校、礼堂、办公楼、宿舍、别墅时，也带来了各自具有强烈地域特色和文化风貌的建筑形式，先进的建造技术以及建筑工程技术人员。如从武汉迁渝的裕华纱厂在办公楼和三个大型仓库的朝向、布局和外形上都原封不动地照搬汉口老厂原型建筑，有非常强烈的故土情结。从广东迁渝的兵工署第五十工厂大型厂房，从开封迁渝的豫丰纱厂职员住宅区，从天津迁渝的南开中学津南村教师住宅区，从南京迁渝的中央工业专科学校学生宿舍，中央通讯一厂工人住宅区，天源化工厂办公楼，三北轮船公司办公楼，江苏医学院教学楼，金城银行别墅，协和里里弄式住宅群，以及数量众多的军政人员官邸、别墅等都体现出很明显的原住地的地域特色及文化差异，从而使这一时期的城市建筑呈现出多样性和复杂性并置的局面。多种建筑文化的交融又刺激和带动了重庆城市建筑的变化与发展。陪都的建立，使重庆从一个普通的工商业城市逐渐成为国家的政治、经济、军事、文化中心。抗日战争时期是重庆历史上具有重要意义的时期，重庆成为举世闻名的国际城市。

*野猫溪码头江边沙坝

● 但是，重庆在抗日战争期间遭遇了侵华日军针对战时首都的为期五年半之久的无区别大轰炸，城市中心区遭受了巨大破坏。从1938年2月到1943年8月历时五年半的轰炸中，敌机利用重庆城市竹木建筑密集成片的特点，混合使用烧夷弹与爆炸弹，炸弹在爆炸之后大面积起火，又在起火之后发生更猛烈的爆炸，使中心区域整片的街道化为火海，学校、教堂、寺庙、工厂、居民区等建筑物顷刻之间化为废墟。战前重庆城市的中心商业街区和公共建筑受西洋风的影响，盛行后文艺复兴时期巴洛克风格及新古典主义样式，有许多折中性、变异性、装饰性很强的城市建筑。特别是中心区的商业建筑，体量较大，形式较为讲究，并且多有一个西式的立面，上面浮雕山花、涡卷、柱式等，用以营造繁华、热闹的气氛。如上半城的小什字、新华路，下半城的打铜街、陕西路、望龙门、储奇门等地，成排连片的仿西式建筑群，显示出一个大都市的基本面貌。可惜的是，很多这类精美而有价值的建筑都在连续不断的大轰炸中被毁。在废墟中临时抢修建设起来的房屋，大都因陋就简。兵荒马乱中人们来不及也没有心思去考虑美观和艺术性。重新修建的房屋比较原来的房屋楼层降低了，造型丰富的屋顶装饰变得简单了，正面的凹凸关系和图案装饰均省略了。抗日战争胜利后，国民政府还都南京，迁川工厂大量复员东下，使重庆不但失去了作为战时首都的显赫地位，也逐步丧失了作为大后方工业中心的重要位置。战后经济萧条，市场萎缩，国民政府也无暇顾及其重建工作，原在《陪都十年建设计划草案》中规划的一大批城市建设项目大多落空。重庆城市建设几近停顿，以至于很多当时救急的简易建筑一直用到今天。当我们踏入重庆尚存的老街旧巷时，有一种感觉就是大多数沿街商业建筑都缺少特色，立面造型简单。其实，很多这类建筑都是大轰炸后建起来的，这也是战争留给这座城市难以抹去的痕迹。

● 自1891年开埠以来，重庆这座城市便因设市、成为陪都等几个重大历史事件的发生而得到发展的契机，同时也在战火中受到了洗礼，这使重庆近代城市建筑有非常强烈的时代印迹，成为当时社会发展与城市建设的历史文化记忆。值得一提的是，到了20世纪50年代的第一个五年计划期间，全国掀起了向苏联学习的热潮，重庆也一样汇集了众多热情洋溢的苏联专家来帮助进行社会主义建设。他们其中有很多是建筑设计和建筑工程技术人员，他们用社会主义现实主义的创作方法，根据重庆的地理特征和经济状况设计建造了大量和普通劳动人民有关的、带有俄罗斯建筑文化风格的建筑，如文化会堂、医院、工人疗养院、博物馆、厂房、学校、工人住宅区等各类公共和居住建筑，形成苏式建筑一枝独秀的局面。这些建筑物经济、实用，外观也给人以如沐春风、耳目一新的感觉，既显示出劳动人民当家做主的自豪，又为这座古老的城市增添了一抹明亮的色彩。苏式建筑的接替，是重庆近代建筑体系的尾声，同时标志着现代建筑的开端。

城市风貌

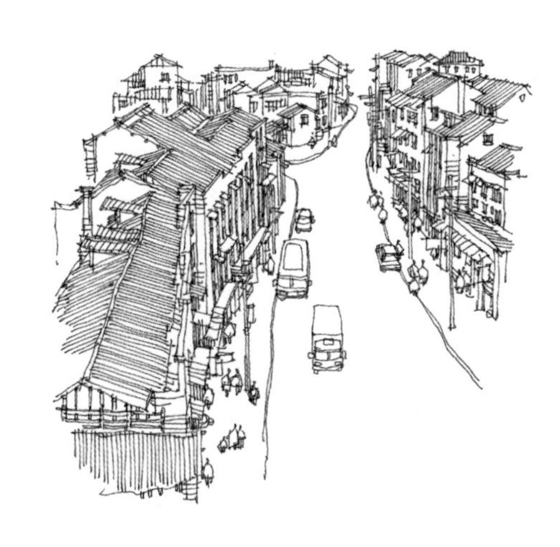

城市码头

City Pier

山城风光

Mountain City Scene

街道景观

Street View

CITY SCENES

● 重庆老市区的地形西高东低，山势从西边的脊点佛图关过渡到鹅岭、枇杷山，逐渐消退至朝天门长江和嘉陵江交汇处。城中有众多的不可用地和难用地，人们在此聚居生活，就必须充分利用陡坡、峭壁、悬崖、坡地，争取适当的建筑基地和生存空间。在人与自然磨合的漫长岁月中，一座适应自然复杂环境的城市逐渐形成。重庆城市建筑大多随山势地貌的起伏变化而灵活布局，没有条件讲究也并不太讲究规整的对称格局和横纵轴线。街道依地形条件和地貌特点多采用弯道布线，地形的高差起伏常常使街道两侧人行道和建筑基底不在同一标高上，有悬崖、陡坡、台地等情况；道路布线不在同一平面上，有跨谷、倚岩、穿山等多种变化的空间层次。重庆的街道呈现出高低错落、形态丰富，山与城和谐融合的特征。这就是重庆城市特有的风采和神韵，构成了重庆极具吸引力的城市景观和面貌。

*玄坛庙码头南段景观

A

城市码头

City Pier

A1

A2

A1

白沙朝天嘴码头

白沙位于长江南岸、江津西部，素有“天府名镇”“川东文化重镇”之称。这座狭长形城镇，背靠大旗山，坐南朝北沿江而建。驴溪自南向北逶迤而来流经镇西陲，于驴溪半岛东端汇入长江。此外江岸地势比较平坦，江畔河沙呈白色，白沙镇因之而得名。清末和民国时期，白沙商业兴旺发达，以盐业、酒业、棕丝和猪鬃制品加工业、粮油加工及运销业等为主，带动了各行各业的蓬勃发展。

抗日战争时期，白沙凭借水路要冲之利，依托雄厚的经济实力、文化底蕴，承担起了安置迁来的工厂、机关、特别是学校的历史重任。一时间，白沙学校云集，文人荟萃，白沙坝与重庆沙坪坝、北碚夏坝，以及成都华西坝合称为四川著名的“文化四坝”。

A2

储奇门车渡码头

民国时期，储奇门有着连接川滇黔公路的重要车渡码头。区内公路横向西达南纪门、东至朝天门，上半城与下半城之间有抗战时期修建的凯旋路纵向贯通，水陆交通四通八达。储奇门又是西南地区药材、山货、土特产的重要集散地，其中以药材业为主。如玉带街沿街有诸多集旅社、药材仓库、店铺为一体的商业建筑。临街的四层楼房，底层多为药材商铺，底层以上为客栈，建筑功能实用性强。

A1 * 白沙朝天嘴码头老街景观

A2 * 储奇门玉带街和车渡码头

A3

A4

A3

江北下横街水码头

● 江北城是重庆北岸水上门户，是重庆古建筑和近代建筑比较集中的地方。1927年江北城修建了全市第一座区属公园——江北公园。江岸两侧码头众多，城市因商运而发展。街道按行业交易转运形成各种专业市场和专业仓库。开埠、建市以后，重庆成为西南地区第一物资集散大码头，各方船只云集此处，仅江北地区为各类船上人员服务的饭店、茶铺、客栈、店铺、仓库就达数百家，形成沿街密集分布的格局。

A4

弹子石河街

● 弹子石在历史上是重庆物资集散的重要水陆码头。弹子石辖区内的王家沱在1901年曾被划为日本租界。1902年法国兵舰开进中国内河，弹子石码头歇石段是法国兵舰的主要停靠点，岸上还修建了一座殖民式风格的法国水师兵营建筑。河街由一条石板路从江边顺坡而上，沿街房屋主要是清代和民国建筑，相互混杂交错，极具特色。由于水上交通便利，吸引了众多工商企业家来这里安家落户，设厂生产。特别是抗日战争时期，搬迁到重庆的一些大型企业落户弹子石，纺纱、织布、卷烟、化工、猪鬃、火柴等行业陆续出现。在弹子石河街还有外国人开设的洋行、货栈等。弹子石逐渐繁荣起来，成为重庆早期手工业比较集中的地区。

● 弹子石河街谦泰巷，直通长江边的歇石码头。巷内近处这个院落原为清朝北洋水师营务处，后为法国水师兵营眷属生活区。1962年，此处房舍成为重庆水运驳船修理厂办公大楼、礼堂及库房（远处大楼为法国水师兵营）。

A3 * 江北下横街街景

A4 * 弹子石河街江景

A5-1

A5-2

A5

下浩河街

下浩老街是因水码头逐渐发展起来的，曾是重庆渝中半岛过江到南山避暑的必经之路，也是早期南坪、海棠溪、上浩到弹子石的官道。下浩河街分下浩正街和周家湾河街两部分，街道和房屋建在溪流冲击而成的条状平地和缓坡之上，街道整体平面呈“L”形，三面环山，一面临江，以谷地中的报恩石塔为老街的结尾。一股出自南山清水溪，水质甘冽、清澈见底的溪水沿溪沟蜿蜒纵贯整个老街，最后注入长江。溪沟两侧建有许多别致优雅的临水小楼。20世纪70年代末，还有街中居民在溪水中洗衣淘菜、摸鱼捉虾，溪水为老街带来了灵动欢畅的情趣。

下浩江边有一条长几百米的石梁。涨水时，石梁外水流湍急，但石梁内风平浪静，是商船和舰只停泊的理想水域。1891年重庆开埠后，外国商船多来此地或附近停泊，这里外国洋行、堆栈较为集中，还有若干专供外国船员休闲娱乐的“洋酒馆”和本地模仿西式造型的商业建筑。这些西洋建筑与众多本地手工业作坊式传统建筑和民居交错分布，形成一道独特的陆地景观。下浩老街以独有的地形地貌，浓厚的人文气息，强烈的异国情调，完整的建筑传承和建筑文化的多样性为我们展现了一个立体真实、内容丰富的城市码头和街区景象。

A5-1 * 分布着众多洋行和洋行仓库老建筑的下浩周家湾码头

A5-2 * 下浩老街依山而筑的建筑景观

A6

A7

A6

玄坛庙河街

玄坛庙在清代以前就是重庆一处重要的水码头，这里沿江设有许多仓储货栈、旅馆酒肆、商号钱庄、行帮会馆和手工作坊，山顶还有传教士创办的仁济西医院。街道沿山势的走向曲折延伸，道路两旁主要是商业店铺，也夹杂着众多民居，并有相当数量的别墅类建筑。这些别墅的主人有当地的袍哥大爷，有长江航运业的船主，有私人作坊的老板，也有旧军队的官员。但居住在这里的大多数人则是船工、搬运工、手工业者和小商人。1896年之后，玄坛庙一带又成了外国商船和军舰的主要锚泊地，清政府在玄坛庙设立了海关税务司验关囤船，进出口货物在此地的吞吐量激增，使玄坛庙繁盛一时。

A7

野猫溪码头

野猫溪轮渡码头地处弹子石码头与玄坛庙码头之间，正对朝天门沙嘴。有一条从山上流淌而下的溪水流经石溪路正街，而后注入长江。据说早年，溪流附近草丛中常在夜晚有成群野猫出没，叫声不绝于耳，故名野猫溪。野猫溪码头在枯水季节裸露出的沙坝平坦、宽阔，成为人们休闲、散步的场所。在此处，两江汇景观也可尽收眼底。

A6 * 玄坛庙江边码头景观
A7 * 野猫溪轮渡码头

↑ A1 * 白沙朝天嘴码头远眺

← A3 * 江北下横街水码头

A4 * 弹子石谦泰巷江景

A4 * 弹子石歇石深水码头及岸边建筑群（此码头在清末民初时期是法国和日本舰船集中锚泊地）

A5 * 南岸白理洋行仓库下方的船运码头

A5 * 下浩老码头附近的吊脚楼

↑A6*玄坛庙远眺

←A6*玄坛庙码头沿江建筑

A6*玄坛庙码头南段景观

↑A7*野猫溪码头江边沙坝

→*万州城江渎街码头远景

*万州东门口码头和直抵江边的大石梯

*渝中半岛自上安乐洞远眺一号桥街区

B 山城风光 Mountain City Scene

B1-1

B1-2

B1-3

B1

南纪门、储奇门、望龙门

在山地城市中，山体轮廓线参与到整个城市视觉景观的构建之中，极大地丰富了山地城市的景观层次。重庆山地城市景观最有特色、风貌最为明显的区域分布在渝中区南纪门、储奇门、望龙门、千厮门、临江门，以及南岸区的下浩和玄坛庙一带。这些地方山势险要，地形高低起伏变化大，江边多有大码头。因码头而形成的街道、集市像条条纽带把层层叠叠依山而建的各类建筑串连在一起，木楼瓦屋鳞次栉比，峭壁悬楼依山傍水，形成了动人的山地城市大景观。

南纪门和储奇门在历史上曾经是生意兴隆的水陆码头。南纪门是木材业、屠宰业和药材业集中的地方，人口密集，商业繁盛。这里的房屋建筑从低到高有三个明显的层次：沿江一带多为手工作坊并居住着体力和手工劳动者，房屋搭建较随意，吊脚楼层层叠叠；中间带、坡地带即公路穿过之处，是商铺、官府及大户人家住宅集中的区域；山顶一带则是各国领事馆、教堂集中地。这些区域的街道完全是顺应山势地貌的变化而布置，山地、道路、建筑物的组合巧妙、和谐，山地城市风貌韵味独特。

民国时期储奇门是重庆连接川滇黔公路的重要车渡码头，区内横向公路西达南纪门，东至朝天门，上半城与下半城之间有抗日战争时期修建的凯旋路纵向贯通，水陆交通四通八达。储奇门还是当时西南地区药材、土产的重要集散地，药材业兴盛，沿街有诸多集旅社、药材仓库、店铺为一体的商业建筑。临街的四层楼房，底层多为药材商铺，底层以上为客栈，有的客栈在地下层或中庭设有药材堆放处。建筑功能实用性强。

望龙门南临长江，西连南纪门，北邻解放碑、朝天门。自清代至20世纪40年代，望龙门辖区曾是重庆的行政、金融、商贸中心。清代的川东道、重庆府、巴县知县府，辛亥革命时期的蜀军政府财政部，陪都时期的国民政府外交部、中央银行及金库，均设于境内。望龙门也是中国第一处客运缆车的诞生地。

B1-1 * 南纪门山地城市街景
B1-2 * 储奇门九道门街深巷
B1-3 * 望龙门街市中鳞次栉比的民间建筑

B2-1

B2-2

B2

临江门

山体地形高差变化巨大，依附于崖壁上的建筑物集中成片，这让临江门成为重庆最著名也是最典型的山地城市建筑群观景地（包括临江门老街、临江门码头、一号桥街区等）。清末和民国时期修建的几处西式建筑，如宽仁医院房屋、若瑟堂钟塔、宪兵司令部大楼，再加上一号桥，穿插在吊脚楼群中，识别性极强，使得这里的城市形态更加丰富有趣。在临江门，行走于车水马龙的公路边，在一号桥上，抬头就能看到那鳞次栉比、高低相间、虚实呼应的城市轮廓线。许多画家与摄影师都把这里作为山城题材创作的首选地；拍摄与重庆相关的电影，临江门往往也是必有的取景点。

B2-1＊临江门老城景观

B2-2＊临江门与一号桥远眺

B1 * 南纪门崖壁上人工垒砌的道路和依山而建的房屋

B1 * 从南纪门眺望山城巷

B1 * 储奇门玉带街街景

B1＊凯旋路中段一景

B1＊望龙门街区及缆车鸟瞰

B2＊临江门大井巷街区道路

B2＊临江门水码头远眺

↑B2＊临江门象鼻嘴建筑群

←B2＊渝中半岛自上安乐洞远眺一号桥街区

B2 * 老城区民生路方家什字鸟瞰

B2 * 渝中半岛西南一侧制高点打枪坝全景

*两路口街景及客运缆车

C

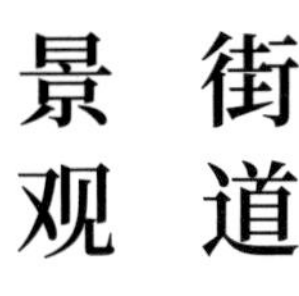

Street View

C1

C2

C1

两路口

● 两路口是渝中半岛所在市区内重要的交通枢纽，道路四通八达。在20世纪80年代，除了解放碑，两路口算是最繁华的街区，沿街商业建筑密集。这里有清代的状元府，民国时期的苏联大使馆、美国大使馆、罗斯福图书馆等极具代表性的建筑，以及建于1942年的陪都跳伞塔；在20世纪50年代又修建了可供劳动人民集会、运动、娱乐的场所，如山城宽银幕电影院、劳动人民文化宫及大田湾体育场等重要建筑与各种设施。

● 两路口临菜园坝一面是层层叠叠依山而建的山地建筑，这些建筑高耸挺拔，高踞于崖壁下方的港湾和菜园坝码头之上。菜园坝火车站一度是重庆唯一的旅客列车终点站，外地旅客乘火车到菜园坝出站时往往会被这扑面而来的独特山城景观所震撼，形成对重庆城市风貌的第一印象。

C2

道门口

● 重庆城市街道有一种不规则的美感，这不是凭空而来的，是大自然和人之间相互磨合的结果。城市中山脊纵贯、地势险峻，到处是沟壑，修建城市道路的工程常会遇到意想不到的困难。建好后的道路也大多是路幅狭窄、坡陡、弯多、曲线半径小的。从下半城主干道的解放东路到陕西路，在道门口这一段就有一个十分典型的“S”形的急弯。这是因为依山而建的主干道在这一段遇到了一个断崖，公路铺设到此只能绕过断崖，沿“S”形的山体布线修筑，形成了一个大急弯。受其影响，这段道路通常常通行缓慢，但这种道路形态变化却使街道空间更加自由、灵动。

● 画面中沿江一侧的建筑物由于相互遮挡，好像建在平地之上，其实它们都是从公路一侧坡底往上逐渐修建起来的，有的垒砌了很高的堡坎，有的则是贴山而建，并在平街层以下有多个地下层。其修建时采用了错层、悬空、上升、下跌等多种处理方法。

C1 * 两路口街景及客运缆车

C2 * 道门口老街鸟瞰

C3-1

C3-2

C3

小什字

小什字老街位于渝中区的中心地带，是连接下半城与上半城、连接朝天门大码头与城市中心的重要节点，周边有解放碑、沧白路、打铜街、道门口等繁华街道。在清代，小什字就已是商业繁盛的街区，周边商行、票号、钱庄、当铺比比皆是。民国初期，各种银行、保险公司、证券公司、信托公司又在此逐渐开设，且发展迅速。抗日战争时期，小什字更成为金融机构集中地，许多银行迁驻于此，东侧有中央银行、中国银行、交通银行、中国农民银行联合办事总处（“四联总处”）、川康商业银行；西面有建国银行；北端有美丰银行、中国银行、川盐银行。小什字一带的城市商业建筑，因为涉及金融业，其建筑质量和建筑技术在重庆都堪称首屈一指。重庆市内当时楼层最高和形态最经典的建筑均聚集于此，高耸的屋顶、挺拔的柱式与装饰线条，在开敞的街道空间中，形成了都市的重要标志。

C3-1＊从川盐银行楼顶俯瞰小什字城市中心路口景观

C3-2＊小什字水巷子老街

C4

C5

C4

白象街

白象街位于渝中半岛下半城前端东南角，望龙门和太平门之间的江边崖壁之上，街长400多米，宽10米左右。老街靠近码头，因码头运输和陆上交通的便捷而成为商贸集散地，是重庆下半城最早的人烟稠密的繁华街区。在1886年，白象街就有了重庆最早的电报局；1891年重庆开埠后，英美日等多国商人又在此开设了洋行；这里还有众多的商行、票号、货栈，以及《渝报》《新蜀报》报馆旧址；1905年卞小吾、杨沧白等人还在此集资创办了东华火柴公司。白象街也因此成了当时重庆城中建筑最有特色的区域。

C5

凤凰台1号大院

南纪门的凤凰台一带曾是重庆地方审判厅所在地，也是药材商品集散地。凤凰台1号是一处临街合院式建筑群落，建于清末民国初期，原主人是当时重庆著名实业家杨少五先生。1号大院整体是一个不规则院落，坐北朝南，紧邻大街。与其他临街必是商铺的院落格局不同，该院东南两面约60米的临街面均以砖墙围合，仅供居住，没有破墙出开商铺，这在商业繁华地段的下半城是罕见的。1950年后，凤凰台一号院成为重庆印制二厂职工宿舍。

这处院落曾经是著名的重庆天风古琴社社址。1945年，本地琴家杨少五和浙派古琴大师徐元白共同发起成立了重庆天风古琴社，社员有国民党元老于右任、冯玉祥，荷兰外交官高罗佩等诸多社会名流。他们经常在此举办古琴研究与演奏方面的活动。现在重庆三峡博物馆所收藏的20张各个朝代的珍贵古琴均出自凤凰台1号大院。

C4 * 白象街鸟瞰
C5 * 凤凰台街景

C6

C7

C6

七星岗

● 重庆老城区西端到通远门截止，出了通远门就是郊区。七星岗就是通远门外的郊区，曾是一个乱坟岗。1927年重庆建市时规划开辟新市区，兴建从通远门到两路口的城市中干道，迁移和平整了大量的无主坟墓。为了“安魂镇鬼”，还在通远门不远处的纯阳洞建了一座藏式菩提金刚塔。1933年，城市中干道贯通，新市区逐渐形成规模，沿新修道路建起了商铺和住宅。在抗日战争时期，七星岗安置了大量的内迁机构和人员，逐渐显示出特色鲜明的繁华景象。

C7

十八梯

● 站在较场口台地俯视远望，十八梯城市街道呈长斜坡状向远处延伸，街区建筑群可尽收眼底。十八梯是连接上、下半城的重要通道，通往较场口的坡道早期修建有石砌阶梯200多步，并建有18处石梯休息平台，因此得名十八梯。主街长约400米，四周遍布小巷。其范围内多为未经过合理规划，居民自行搭建的简陋且比较低矮的民间建筑，使用者主要是从事屠宰加工业、搬运工作、码头作业的体力劳动者及城市小商贩。

C6 * 自城墙上观七星岗街景

C7 * 十八梯街道景观

C1*两路口两浮支路老街

C2*道门口东段街景

C6*七星岗至较场口和平路（左）与南纪门至较场口中兴路（右）交汇处道路景观

* 临江门老城

C6＊七星岗老城景观（自华新街远眺通远门）

C7＊自较场口台地上远望十八梯步行街

C7＊较场口和平路潘家沟巷附近街景

市政公共建筑

市政公共建筑

Municipal Public Building

MUNICIPAL PUBLIC BUILDING

● 重庆多山及两江交汇的地理风貌造就了山城独有的环境特色，对城市的建筑文化乃至社会生活均产生了深远影响。重庆城被自东北至西南方向穿越而过的山体划分为上半城和下半城。上半城为山地平坝，地势高耸，较为开阔；下半城为山脚沿江的狭长台地。重庆的街道格局在清代已大致形成，早期主要集中在下半城。在主干道靠山一面的狭长地带，从清末到民国初期的大小官府、署衙都集中于此；在朝天门至南纪门一带还拥有沿江商业区和货物码头。但这个时期街道凌乱、狭窄、拥堵，房屋随意搭建，整体杂乱无章。城区全是小街陋巷，没有一条像样的公路。滑竿、凉轿、骡马是主要的交通工具。

● 1926年，刘湘主政四川，重庆地区军阀混战的局面得到控制，经济有所发展。1927年，市政建设与基础设施建设逐渐展开。商埠督办公署设工务处专管市政建设，城市建设出现了统一规划、统一管理的局面。这个时期，确定了公共街面的划分并全面拓宽主要街道。在城区克服山地地形的制约，以及拆除旧房、迁移坟茔的巨大阻力，开山劈石，筑路堤、挖路堑、修桥梁；依山就势，沿山腰推进城市道路，打通了市内几个主要区域节点之间及通往码头、车站等城市重要部位的公路，建成了市内南区干道、中区干道两大交通干线。旧城区的原有界限被突破，扩大了的城区范围在一定程度上缓和了狭小市区与城市持续发展不相适应的矛盾，带动了新旧城区的建设。随着打枪坝水厂、大溪沟发电厂、凯旋路高架桥、望龙门客运缆车线等多项市政公共设施的建成，重庆城市面貌有了较大变化。

* 菜园坝至两路口的客运缆车

市政公共建筑

Municipal
Public Building

A1

A2

A1

人和湾码头

● 1927年至1937年重庆市先后新建和改建嘉陵、朝天、太平、千厮、飞机、金紫、储奇、人和、江北嘴等九处轮船码头。各码头利用河岸至货场马路的自然高差，设石梯若干，中间建有平台以便停歇中转。码头梯道适应了轮船大批量货物装卸运输和公路运输的连接。

● 重庆商务总会首任会长李耀庭开设的天顺祥票号在白象街。1923年天顺祥在拆除了瓮城的人和湾基址上建起了堡坎高达10米、有120级石梯的人和湾码头。人和湾码头为六孔券旱桥式码头，两端梯道上、下。码头由条石垒砌而成，平面为“T”形，上有2米多高的阳刻“码头”二字。人和湾码头在构筑的艺术趣味上相当讲究：面对长江的正面由条石砌成的外墙呈波浪形有规律起伏，中间四个拱券内的顶部各镶嵌有一倒置的观赏钟乳石。人和码头的这种技术与艺术相结合的大胆尝试，在重庆传统的码头文化中极具特色。

A2

化龙桥

● 1932年修建的重庆市区第一座公路大桥——化龙桥（长约60米，荷载10吨），是著名的成渝公路在20世纪30年代初的交通命脉。化龙桥系全石砌结构，桥洞为三孔拱券造型，拱石上缘悬出的拱眉突出了拱线的形态；桥墩厚实，有倾斜形成的分水尖可分劈洪水；桥面两侧石栏杆处设有向外挑出的半圆形平台。化龙桥是重庆第一座有传统桥梁风格的现代桥梁、第一座城市公路大桥，曾是重庆第一大桥。1980年末，为修建当地农贸市场而把大桥的内侧溪沟填平，大桥便不再完整；1990年，为改造、拓宽城市公路，陈旧老化的化龙桥被拆除，而此地名一直沿用至今。

A1 * 人和湾旱桥式码头西端拱券

A2 * 化龙桥临江一侧景观

A3

A4

A3

凯旋路石拱旱桥

凯旋路位于渝中区上、下半城之间，起于下半城的储奇门玉带街，经红岩三中、东华观藏经楼，顺大梁子盘旋而上至上半城瓷器街口。道路全长730米，是贯通上、下半城、沟通南干道和中干道的重要次干道。1937年12月由重庆市公务局主持修筑，历时两年完成。路面为宽11米的峡子石路面，人行道用青石铺砌。凯旋路靠山梁顶端一段主要由石砌堡坎及一座石拱旱桥组成。石拱旱桥长75米，宽11米，九孔连拱，跨径4.2米，与坡底下半城地面的直线高差约20米，梁顶高耸，蔚为壮观，成为城区山地道路独有的特色景观。

由条石砌就的石拱像一尺度夸张的城门洞，高踞于石梯之上。其中4号拱洞供行人上下通行，其余8孔石拱的内部空间均作封闭处理，里面分上、下两层，一直有人居住其中。石拱的券顶部分建造得十分精美，特别是每一拱券正中的龙口石均做了浮雕造型。4号拱的券顶前后两端的龙口石为二狮滚绣球浮雕，虽然石雕已风化严重，但形态动势还是依稀可见。

A4

南纪门公路及路堤

1927年，重庆为了扩大城区范围，将重庆旧城分别沿长江经雷家坡、石板坡、燕喜洞、菜园坝向西推进到篼子背。新市区的开辟包括公路的修筑和房屋的兴建。而重庆特殊的地理环境导致公路的修筑要克服巨大的困难，人力、财力、物力的耗费都十分惊人。

在一般情况下，重庆山地行车道路的横截面有路堤、路堑，用半挖半填等多种方式修筑，而新市区沿嘉陵江的北区干路和沿长江的南区干路大多是依山就势，沿山腰推进，成自然式布局，因此大多只能采用填方式路堤的修筑方式。

如南纪门一段公路的路堤，路堤的外侧面为了避免石砌堡坎的单调，采用了有装饰作用的假拱，拱洞内的石篼子成为地面浸水的出口，远看有陆地旱桥的效果。这也是重庆城市道路景观的一大特色。

A3 * 高耸梁顶路端的凯旋路石拱旱桥景观

A4 * 南纪门道路路堤及街景

A5

A6

A5 客运缆车

● 重庆的客运缆车主要有望龙门缆车、朝天门缆车、两路口缆车、龙门浩缆车、长寿河街缆车、临江门缆车等。其中望龙门是重庆最早营运的缆车，于1944年由我国著名的桥梁专家茅以升和梅旸春以现代主义风格设计，采取在码头坡道上搭建钢筋混凝土栈桥，用电力驱动的缆绳牵引有轨车厢上下行驶。缆车客运线全长178米，上下高差46.9米，两辆缆车各有一节车厢。望龙门缆车当年通车时引起较大的了轰动，从此解决了往来渡江旅客上下爬坡之苦。

● 其他几处缆车线路基本上都是20世纪50年代陆续修建的。龙门浩客运缆车站形态很有特色，缆车控制台为一座六角攒尖重檐楼阁式建筑，这种传统建筑形态，既轻盈、美观又实用，与其他车站的现代风格迥异；临江门缆车建成运营后，由于载客量无法达到设计要求等原因，使用了不多久便废弃了。

A6 海棠溪长途汽车站

● 1935年，四川公路局在重庆的交通要津——南岸海棠溪建客车站，先经营较短线路；两年后川黔公路划为西南公路联运线，便增开海棠溪至贵阳长途客车，每日对开客车一辆；后又设海棠溪至广阳坝、海棠溪至土桥客车营运。1944年重庆市公共汽车管理处接办海棠溪至土桥、马王坪、南温泉3条线路客运。后因公共汽车车况日下，市政府开放民营。海棠溪长途车站内设有永通、嘉渝、蜀中、环通等私营公司，共有长途客车28辆，行驶海棠溪至綦江、南川、东溪、杜市各线路。海棠溪车站是重庆市最早的长途客车站。由于最远的站点是贵阳，并且1941年9月，海棠溪邮车站拨归贵州省邮政局领导，所以民间习惯称这个车站为“贵阳车站”。

● 海棠溪长途客车站由客运楼、车棚、停车场、职工宿舍组成。客运楼系二层砖混建筑，底层售票、办公，二层驻有参加押运和守卫的武装人员。

A5 * 沿陡坡道行驶的望龙门缆车

A6 * 海棠溪长途客车站及站房外的街景

A7

A8

A7 重庆最早的邮政局

● 重庆最早的邮政局是始建于1896年的大清邮政总局重庆官局，位于渝中半岛太平门顺城街。清光绪十七年（1891年）设重庆海关寄信局，光绪二十三年（1897年）改为大清邮政总局重庆官局，为四川第一个官办正式邮局；1900年，辖重庆、南充、叙川、保宁、潼川、昭通、遵义等府邮局，仍由重庆海关税务司管理。首任局长为英国人，有助理邮务官和助理邮务员各1人，信差3人，邮差23人，杂役1人。宣统元年（1909年），共辖有副总局、分局10个，代办所66个，并领导成都副邮界、副总局。宣统二年（1910年），重新划分邮政管理区域，改为按省组织邮区管理制度，四川设邮界，设总局于成都，重庆设副邮界、副总局。到宣统三年（1911年），重庆府内共有各级邮局29个，代办支局81个。

● 邮政局大楼坐落在临江的高堡坎上，由于地势较高，建筑的体量较大，因此成为这一带具有标志性的建筑物。主楼为青砖仿西式建筑，左右对称，平面呈“凹”字形，正面中部有三角形山头作装饰。在清末和民国时期，这里一直是重庆邮政的转运枢纽。大楼底层为营业所，二层和三层是总局的办公室，右侧的附属平房内则是各种邮件分拣封发、转运处理的工作场所。大楼堡坎下方不远处就是人和湾邮政码头和邮政趸船。该大楼在1950年后由重庆市收容转运站使用。

A8 民国时期重庆电信局

● 1913年，重庆镇守使为军事便利而设置电话。数年后，重庆警察厅向白理洋行定购50门磁石式电话机供官署之用。1930年电话扩建，在长安寺后街（现渝中区五一路87号）设立电话交换所，投入公用。1938年7月，重庆电话局成立。1943年1月，重庆电报局与重庆电话局合并为交通部重庆电信局。

● 原重庆电信局房屋旧称信通大楼，由多幢砖木结构楼房组成，均为青砖清水墙，有的屋盖是机制瓦，有的则是小青瓦。建筑外形朴素，功能分布合理，有很强的实用性。院内还辟有地下防空洞一座，在抗日战争时期为防敌机轰炸，曾将电话总机移入洞内工作。该建筑现在由重庆电信职工医院使用。

A7 * 大清邮政局重庆总局远眺
A8 * 民国时期重庆电信局建筑群

A9

A10

A9 海关监督公署

● 1891年3月1日重庆海关开关，同时颁布了《重庆新关试办章程》，标志着重庆正式开埠。海关关址设在朝天门糖帮公所内，检查站设在南岸狮子山。之后，各国纷纷设立领事馆，外国商人涌入重庆，并开设洋行、公司，占据城中有利位置，设货栈、建厂房，收购山货、倾销产品。

● 当时重庆的下半城是清末民初城市的中心区域，政府的重要部门、机构多设置于此。现渝中区解放东路263号小巷中的原海关监督公署就是当时重要建筑，从1905年起，重庆海关就在这里办公。海关楼是由多幢建筑组成，院落空间不大，内部主要功能分营业、办公和宿舍三个部分，建筑风格不太明显，样式基本属于中西合璧式。有趣的是院中几幢建筑屋顶各不相同，分别有歇山顶、悬山顶、庑殿顶、攒尖顶，从上往下看，屋顶形式的变化也使建筑群的组合显得丰富多彩。

A10 江北征收局大楼

● 江北征收局大楼位于洗布塘街的重庆织布厂院内，在江北城上横街民国时期建筑中算质量非常好、外形又独具特色的一栋西式建筑。该楼房高二层半，砖木结构，平面接近正方形，正面与右侧均有券廊，右侧廊道宽，正面廊道窄，屋盖为变异的歇山式屋顶。

● 征收局大楼最具特色的是楼中的交通空间的设置，通过廊桥、过街楼、檐廊等设施既解决了复杂的交通问题，满足了人们的通行需求，又可提供观景、停留、休息之便利，使得在楼内行走变得非常愉快有趣。

● 该大楼在1951年成为重庆第一棉织生产合作社的办公楼。

A9 * 海关办事处大门
A10 * 江北征收局大楼鸟瞰

A11

宽仁医院

1891年，美以美会国外布道团中华基督教派的詹姆斯·麦卡特尼同一英国传教士来到重庆，在渝中半岛临江门选址筹建医院。1892年10月，在戴家巷四幢中式建筑和两幢破旧房屋的基础上，医院大楼落成，设门诊部、住院部，有三间病房，约30张病床，命名为重庆综合医院，中文称宽仁医院。宽仁医院是重庆第一家，也是西南最早的一家西医院，首任院长为麦卡特尼。

抗日战争期间，宽仁医院疏散，在陈家湾男子中学设立了一支手术队，医疗队则设在歌乐山的吴家山，当时的国民政府主席林森为医院题写了院名。抗日战争结束后，医院迁回戴家巷逐步恢复正常工作，并开设了内科、外科、妇产科、儿科等。几经变革，宽仁医院于1985年正式被命名为重庆医科大学附属第二医院（渝中区临江路74号）。

宽仁医院所在的戴家巷处在临江门水码头顶部地势险峻的山崖上，它是一组面临城区、背靠嘉陵江拔地而起的中西式结合的楼房，在满坡矮瓦屋、竹篾房、穿斗墙的普通民居中显得体量巨大而凝重。宽仁医院有多幢大楼，其中主楼平面呈“十”字形，有柱廊环绕其中。主要入口处有一石门坊，其上嵌镌刻有“宽仁医院”几个楷书大字。

A1＊人和湾旱桥式码头东端梯道

A3＊凯旋路高架桥与较场口道路的节点

A5＊菜园坝至两路口的客运缆车

A5 * 望龙门缆车站

A5 * 龙门浩缆车

A5 * 临江门缆车废弃后，在原有缆车道斜坡上修建了职工宿舍

A5 * 弹子石河街国家粮库通往歇石码头的缆车道

A7 * 大清邮政总局重庆官局俯视

A7 * 大清邮政总局重庆官局大楼（从江边仰视）

*临江门象鼻嘴建筑群

A7 * 大清邮政总局重庆官局近景

A9 * 海关监督公署旧址

A10 * 望龙门公园路原市政府征收局

教会建筑

教会建筑

Ecclesiastical Building

ECCLESIASTICAL BUILDING

● 1640年，耶稣会士利类思将天主教传入四川，随后不断有传教士远涉重洋来到中国，深入内地，冒险进入川渝，煞费苦心地寻找各种传教和建立据点的机会。1702年前后外国传教士就在重庆建成了光华楼圣堂。1858年，清政府放宽了对传教的限制，重庆教区成立后，各县纷纷设堂传教，建立教堂、会所，兴办学校、医院、育婴堂。法国传教士在重庆市区蹇家桥建了真元堂，在石板坡建了慈母堂；英国教会在小什字戴家巷建了福音堂；美国教会在鹅项岭等处也建了教堂。这一时期，重庆城乡的教堂和教会所属建筑大致分布在蹇家桥、小什字、石板坡、九块桥、凉风垭、丛树碑、戴家巷、深坑子、白果树等处。至1890年，外国教会在重庆已有了相当的势力。

● 教堂和教会以慈善名义所建的学校、医院等宗教建筑，是重庆最早出现的近代建筑。最初的教堂大多是租用或买下旧式民房，适当加以改造、整修、装饰而成的简易教堂。这种民房式教堂，如今在一些偏僻的乡村偶尔还能见到。正规教堂建筑则多采用传教士自本国带来的中世纪典型教堂的图纸作蓝本，根据城乡的具体经济、人文、环境情况加以调整而建成的，其风格多以简化了的哥特式为主。也有的传教士本人便是有一定造诣的工程师或设计师，能够自己独立做一些简单的房屋设计，可以根据实际情况，在建筑中加进所在地区民间传统建筑的某些元素，使其在形式上与当地民居融为一体。这些教会建筑既保持了西方宗教文化特色，又跨越了地域的局限，在视觉上求得了平衡。

● 以现存教会建筑所处的地理位置来看，重庆的教会建筑在房屋基址的选择上极为考究。这些建筑大都充分利用了重庆气势恢宏，雄阔险峻的山地、高地、坡地作为理想的基址，居高临下，显示出宗教所追求的庄严、崇高、神圣的气势。

● 三百多年来，经过众多西方传教士长期的经营，到1949年，重庆已然成为西南地区西洋宗教的管理中心和宗教人才的培养基地，对川东地区具有很强的辐射作用。分布于城内各制高点上的教堂和教会建筑形成了一道具有异域风情的景观，有迥然不同的山地特征和视觉情趣，是重庆近代城市风貌重要的一部分。

* 从枇杷山远眺悬崖上的仁爱堂修道院

A 教会建筑 Ecclesiastical Building

A1

若瑟堂

● 若瑟堂建于1879年，位于渝中区方家什字。若瑟堂所在基址称地母亭，绵延的山势在这里陡然下降，形成一个气势宏大的悬崖景观带。岩下为安乐洞老街，对面山体为天灯坡。建造者选择这个位置建教堂有两大优势：一是教堂在山顶上，前有金汤老街，后有临江门码头，人员来往方便，有利于开展宗教传播活动；二是地域特色尤其明显——这个地段裸露的岩石有一种苍劲感，岩石边沿之下即为悬崖，山势陡峭，视域宽广，建筑与山地环境结合整体气势雄伟，有险中求奇、虚实相生的视觉效果。若瑟堂的斜对面是方家什字驿道，教堂的神坛通过前端山体的豁口，正对嘉陵江江面，自江对岸东面的江北老城到西面的江北简家台，都能眺望到方家什字密集建筑群中独具特色的若瑟堂。

● 若瑟堂初建时仅为木质平房，1893年木质平房被拆除，改建成砖木结构教堂，并有附属房屋。教堂仿哥特式风格，平面为典型的巴西利卡式，建筑面积500多平方米，占地3172平方米，可容1000多人进行宗教活动。1917年，在教堂大门前建30余米高直式钟楼，其外观简洁古朴。原本钟楼上部有一较高的尖顶，因维修不便，后被拆除。钟楼分三层：首层大门门额上书“若瑟堂”三字；二层正面有两扇尖券窗，并在正面及左右有简化了的玫瑰花窗，窗上嵌有时钟；顶层为钟楼，四面均有三扇长条状通风用百叶窗，内安装大自鸣钟及大、小金钟三口，逢礼拜日和宗教节日三钟齐鸣，悠扬宏亮，四周数里可闻。若瑟堂钟楼的修建，打破了本地传统建筑大屋顶下较为低矮、封闭的聚落形态，在山体和周围建筑群呈横向布局的轮廓线中，展现出向上的生长力度感及遒劲厚重的形体特征。若瑟堂的独特造型和沉郁的色调都与众不同，丰富了这个区域山地轮廓线的视觉效果，有较强的建筑艺术感染力。若瑟堂作为一种标志性建筑，已成为重庆近一个世纪中具有山地特征的重要人文景观。

A2

A3

A2 仁爱堂修道院

位于山城巷二仙庵的仁爱堂修道院始建于1900年，1902年竣工。仁爱堂建筑群包括教堂、神父楼、修道院，共3000多平方米。建筑群在悬崖上依山而建，横卧在一块巨大的裸露岩石所形成的台地之上，巨石从山顶的打枪坝经二仙庵一直延伸至南纪门的中兴路口，山势陡峭、险峻，教堂俯临滚滚而来的长江，以一夫当关之势居高扼控渝中南区路要道。

仁爱堂修道院由法国工程师设计，建筑群沿山崖带状分布，平面不太规则，但礼拜堂部分的平面还是能看出古典拉丁“十”字形的布局。建筑高度为四层，地上三层，地下一层，砖木结构，主楼入口处高达二层的四根庭柱为科林斯式，墙上的假柱则做成爱奥尼涡卷式，各建筑有回廊相通，南北间的总长度约100多米。从远处眺望，罗马式的青砖房屋形体宽阔、色调凝重，与下面亮色的岩体形成较强的对比，很有欧洲中世纪城堡的风格。该修道院后改为仁爱堂敬老院，部分建筑被拆除，仅保留礼拜堂。

仁爱堂在建筑物的体量和尺度上考虑了远、近两种不同距离的视景需求。自山下远眺仁爱堂修道院，可见建筑群依山顺势壮观的景象。但在邻近仁爱堂的迂回小巷中紧贴教堂的墙根拾级而上，因视域范围狭窄，难以看清形体高大的建筑物的全貌。因此建造者巧妙地在大门外巷道的拐角处设计了一座高三层的圆形砖混塔楼，作为教堂的标志，这也是小巷中富有情趣的一景。此塔楼形体不大，一、二层空间低，第三层较高，尺度比例关系非常得体，为单调沉闷的巷道增添了有序而丰富的空间节点，恰好适合巷中来往行人近距离观赏。塔楼上有爱奥尼涡卷式壁柱和拱券窗，塔顶有宝瓶式栏杆女儿墙，塔楼通体呈黑灰色，柱子和装饰线脚为黄灰色，建造工艺精湛，雕塑感很强。在仁爱堂修道院历次维修改造中，塔楼的形体和本色均未改变，是建筑群中唯一保持原貌的建筑物。

A3 天主教真原堂

天主教真原堂位于现渝中区临江路，建于1844年，曾是天主教重庆教区主教堂。其外观系殖民式风格，是供中外主教、神父等神职人员集中居住并开展宗教活动的重点教堂，后一度作为中英联络处。1950年，天主教真原堂停止宗教活动，1951年，该堂这一栋房屋由重庆市公安局作档案室使用。

A2＊仁爱堂修道院鸟瞰

A3＊天主教真原堂及街景

A4

A5

A4 德肋撒天主堂

江北天主堂始建于清咸丰五年（1855年），光绪二年（1876年）在江北教案中被焚毁，光绪七年（1881年）修复。1927年，法国传教士尚维善用教会拨款和教民募捐款，在江北老城下横街闹市正中一块平坝上拆除旧房，建起了新的西式天主教堂，意在“战争频仍、人民颠连之际，川东教会众教友同舟共济，皆托圣女婴孩耶稣德肋撒护佑奉圣女为主保，建此堂，以托报国纪念”，故取名德肋撒堂。小德肋撒（1873—1897年）是法国某圣衣院的隐修女，去世后被罗马教皇宣布为圣师。

德肋撒堂的平面为三廊巴西利卡式，砖混结构，形体庄重大方，内部空间利用得当，有较好的采光条件。其建筑外形为罗马式风格，建筑面积447平方米，面街而立，高高耸立的钟楼成为一个标志塔，使周边大片单一的商业和民居建筑群落有了一个视觉的焦点。

德肋撒堂是江北老城的重要标志性建筑。1950年后该经堂曾长期被一工厂作生产车间使用。今已恢复其教堂的功能，供教友参加正常的宗教活动。该经堂现已整体拆除，并在附近重建。

A5 慈母山修道院

慈母山修院（又名培德堂）位于南岸鸡冠石镇下窑43号，由当时的法国天主教川东教区副主任纳慈宣选址修建于1911年，现为对外开放的宗教场所。

修院总建筑面积3400平方米，有房屋80余间，平面呈“凸”字形，在市郊群山环抱之中，背倚高山，正面可透过起伏的冈峦远眺云雾迷茫之中的江天帆影。此处曾先后创办过天主教大、中、小修院，法国神甫戈蒂延为首任院长，学生共350余人，其中升为神父的有80余位。

该院主建筑上、下二层，右侧厢房局部有三层，二层以上均为修院教室。圣堂位于整个建筑的中后部，是信徒宣道、讲经、参与弥撒的场所。主建筑左侧平房为传教士的小经堂、生活区和养猪场。右侧平房为马厩，马厩前花园处是圣母亭，亭上阳刻“我乃始孕之无玷者”八个大字为当时著名书法家罗公报的真迹。教堂后侧花园中有五株伊拉克枣树，是建堂初期自法国带来的，树形高大雄伟，在重庆是难得一见的珍稀树种。教堂优越的地理位置、特有的建筑风格和浓郁的宗教氛围，吸引了很多信徒和游客。

A4 * 德肋撒天主堂

A5 * 慈母山修院全景鸟瞰

A6

A7

A6

天主教公信堂

● 天主教公信堂位于巴南区含谷镇公平村。公信堂房产原属清朝段姓举人，为住宅院落，1900年被天主教会购得。该穿斗夹壁三重堂院落式建筑，占地面积3147平方米，建筑面积1087平方米，前半部分作教堂、经书学堂和神父住房，后半部分为孤老院，其中教堂面积126平方米。1935—1940年重庆教区大修院也设在此地。公信堂是由传教士购得民房，加以简单布置后作为临时教堂使用的典型例子，并且这个乡村民居式教堂还意外地使用到现在。

● 当时该教堂管辖含谷、西永、虎溪、龙凤、走马、白市驿等地，共有教徒667人。这些地方开教早，大约在1732年前后，就有了教徒，天主教公信堂即是这一带的传教中心点。1950年因经费困难，孤老院交政府接办，孤老转至歌乐山，本堂神父转去城区若瑟堂。至此，公信堂教务及宗教活动停止，教堂房屋先后由粮站、乡镇企业、公平小学占用。1992年教会收回房屋并逐步恢复活动。

A7

白果树教堂

● 白果树教堂建于1860年，是重庆最早的教堂之一。教堂选址于巴南白果树村，占地15亩（1亩≈666.7平方米）左右，坐南朝北。整个建筑群呈四合院式布置，四周由柱廊相连，主要的经堂平面为巴西利卡式。经堂的右面用育婴院的二层楼房围合成一个不大的空间，作为传教士的个人生活区。在经堂的后部有一个穿斗结构的高架采光亭，内为圣母堂。整个建筑群除圣母堂的采光亭外，均为砖木结构。此教堂的最大特点是基址选得极为巧妙。教堂坐落在白果树山腰的坡地上，背靠石岭岗，左有刘家山、右有天井坪等几座绵延起伏的山峦环护。前方谷底是太平镇所在的郎家沟，沟底至白果树教堂所在部位的高差达200多米。一股清泉自石岭岗山中涌出，蜿蜒跌落，从教堂右侧下方穿过。左侧不远则是重庆至贵州的古驿道，整个自然地形的间架结构恰如中式传统的太师椅，靠背、扶手、脚踏一应俱全，且四周开阔，视野宽广，气势磅礴。

● 1913年，重庆天主教会在若瑟堂附近韦家院坝创办的育婴院也迁来白果树。白果树育婴院的负责人历来由教会直接任命法籍神父担任，直到1942年才由白果树本堂中国神父兼任。

A6 * 天主教公信堂全景
A7 * 白果树教堂景观

A8

A9

A8

加尔默罗女修会苦修院

● 加尔默罗女修会苦修院由法国传教士创办。1918年，教会购置曾家岩龙家湾约15亩地建一座教堂和房屋40余间；1921年5月，上海派法籍修女为首的外籍修女4人、中国修女3人来渝，成立重庆修会，暂住曾家岩椹家院子；1925年，位于现龙家湾152、153号的修会房屋落成，修会才由椹家院子搬入，随即招收中国修女入会。该修会1951年前历任院长皆为外籍，1951年起开始由中国人担任院长。

● 这所苦修院是在曾家岩北面山坡上部修建的，总体规划依山就势，房屋依地形的变化由下往上分台布置。除经堂为二层楼房外，其余多为平房，体量都不大，唯有经堂前的尖顶塔楼向上突起，打破了附近建筑群的横向格局。教堂分为诵经区和教学区两大部分，其间由一条名为“梯圣关”的“十”字形甬道从中分开，该甬道在平面上又恰好形成拉丁“十”字造型。教堂在巧妙利用自然山形地貌上手法独特，可以让人隐约感受到欧洲古典园林式布局构图的一些趣味。

A9

董家桥传教士住宅

● 南岸下浩董家桥老街15号曾是一外国传教士的住宅，该房屋为三层半独立式砖木结构，沿坡地而建，局部形成错层的效果，一、二层的外廊和三层的阳台为外突结构，屋盖为歇山顶，房屋正立面及两侧造型变化较为丰富。据说20世纪50年代，传教士结束教务回国时把这幢房屋赠给了他的马夫居住。现该房由街道居民使用。

A8 * 加尔默罗女修会苦修院全景

A9 * 董家桥传教士住宅与街道景观

A1＊若瑟堂及环境景观鸟瞰

A2＊仁爱堂修道院塔楼

A2＊从枇杷山远眺悬崖上的仁爱堂修道院（右上方建筑群）

A4 * 慈母山修道院大门 —

A7 * 白果树教堂大殿后端圣母亭

A8 * 加尔默罗女修会苦修院内的井亭

洋行、外国会所、外国机构建筑

洋行建筑 Foreign Company Building

外国会所建筑 Foreign Club Building

外国机构建筑 Foreign Organization Building

Foreign Company Building & Foreign Club Building & Foreign Organization Building

● 重庆地处长江、嘉陵江交汇处，因两江河流的通达而有得天独厚的水运交通优势。明清以来，在蜀道艰险，陆路交通极为困难的四川及西南其他各省，由长江、嘉陵江、岷江、沱江和其他水系构成的水上交通网便成为相互之间联系的动脉。而重庆则以其优越的地理位置成为长江上游乃至整个西南地区的一个政治中心和军事重镇。至晚清时期，重庆又逐步成为区域性经济中心，是帝国主义各种利益集团将触角伸进西南地区的前沿阵地。

● 早期渗入重庆的有外国政治和宗教势力，而更多的则是西方商业冒险家势力。他们分布在城市各个主要的商业区，垄断了重庆的猪鬃、羊皮、肠衣、生漆、药材、桐油及其他土特产的出口，更是占据了临江和滨水区域的重要地段。『殖民化城市空间最典型的例子就是对城市滨水区的侵占。』类似的这种情况在香港、上海、汉口和重庆均是如此。而重庆山水城市的格局又使外国洋行的商业建筑和仓储建筑更多考虑便于货物储运、装卸，多依山而建，除占据水上交通的便利之外，还坐拥风景优美的坡地山头。这种情况在南岸最为明显。

● 自 1891 年重庆正式开埠到 1949 年止，外国洋行竞相在此圈占土地，安营扎寨，用高墙厚垒围合，禁止平民接近。从王家沱到海棠溪约 10 公里沿线，都分布着外国洋行、外国会所、外国机构的相关建筑物。尤其是玄坛庙到海棠溪这一段『九湾十八堡』起伏的山岗上，形态颇具殖民风格的外廊式建筑或隐或现。这些洋行大楼、仓库、作坊、各类机构、会所高低错落排列，以其建筑形式的多样性丰富了南岸沿江一带的建筑景观。

*白理洋行办公楼及库房全景

洋行建筑

Foreign Company Building

A1

A2

A1 隆茂洋行办公楼与亚细亚火油公司大楼

● 英商隆茂洋行创建于1886年，是在重庆垄断土特产出口时间最长的洋行，老一辈的重庆人对“隆茂码头”“隆茂仓库”之类的名称耳熟能详。隆茂洋行建在南岸龙门浩马鞍山北段及山脚下临江的开敞坡地上，占地约20亩，区域内分为两部分，一是山脊上的亚细亚火油公司大楼，二是山下的隆茂洋行楼房和仓储区域。

● 山下方的隆茂洋行大楼由中式传统样式与西洋建筑内部功能相融合而成，既有中国传统园林建筑小巧玲珑的特性，又有略显张扬的形态个性。该建筑砖木混合结构，有着中国古典四角芜殿重檐屋顶，屋盖宝顶处是一元宝造型，带有浓厚的中国民间特色，建筑外貌及土红色的墙面色彩令其形似殿宇，主楼的二层和辅助房之间由一架空曲廊连接，整个建筑形态轻盈大方，是外国洋行中极具特色的一幢建筑。园区内的其他建筑则是库房、辅助用房和职员住房。

● 山顶的亚细亚火油公司大楼是带有英国古典主义建筑样式的楼房，清水砖墙面，红色琉璃瓦，砖混结构，加阁楼共三层，底层办公，二层住宅，阁楼堆放物品。由于地形高耸，建筑的格局较为雄伟。

● 中华人民共和国成立后，隆茂洋行房屋为南岸区教育局使用，亚细亚火油公司大楼则为中共南岸区委员会使用。

A2 亚细亚火油公司唐家沱仓库区

● 1915年5月，重庆海关理船厅的港务管理规定，重庆江岸停泊地点为：长江由下游窍角沱起至上游黄桷渡，约3英里（1英里≈1.609公里）；嘉陵江由河口至上游大溪沟，约1英里。但以上区段仅限于一般商船，若为装运煤油之船，则延至离市区较远的唐家沱与苏家坝两处。所以，亚细亚火油公司的油库建于唐家沱，美孚公司的油库建于苏家坝。

● 1918年亚细亚火油公司在唐家沱设置炼油厂及库房，占地80多亩，主要经营灯用煤油，也兼营茶叶与烟类。厂区建筑包括大班房、二班房、办公楼等若干幢建筑，储油罐、油库、储油码头等设施，至1937年已初具规模。这些建筑依山势由低到高布局，第一层台地建有油库、炼油厂、办公楼，第二层台地建有二班房以及大、小两个立式钢结构、容量分别为8000吨和6000吨的储油罐，第三层台地最高处为大班房及附属建筑。

● 二层台地上的二班房外形较为特殊：楼高二层半，砖木结构，底层楼板架高约1米；有着变形较大的歇山式屋顶，屋顶小青瓦，瓦当上有寿纹，滴水上有蝙蝠纹；屋后有一圈颇富情趣的柱廊；室内有壁炉。

● 亚细亚公司大班房建在唐家沱顺江巷的小山顶上。此处为唐家沱制高点，视线平远而宽阔，颇有气势，正前方即为从水路进入重庆的第一道屏障铜锣峡峡口，地理位置十分重要。大班房为一楼一底，外加阁楼，底层架高60厘米，通高12米左右，建筑面积约380平方米。立面带有哥特式建筑风格，砖柱与屋面尖顶形成挺拔向上的伸展态势，立面中间部分向外凸出，有柱式栏杆，其中二层栏杆为宝瓶式，底层栏杆为中式美人靠。山墙立面表面用灰塑作成长条式蜂窝形装饰。建筑主体采用砖石结构，砖柱为八棱形，以正方形石材作柱头。屋顶为变形的歇山顶，采用英制进口绿黄色琉璃筒瓦，整体色彩既明亮又稳重。

A1＊英商洋行区鸟瞰
（下为隆茂洋行区域，
上为亚细亚火油公司区域）
A2＊唐家沱亚细亚火油公司全景

A3

A4

A3

白理洋行

● 白理洋行于1911年正式在英国驻重庆领事馆登记注册并设立，主要发展山货出口业务，行址在白象街。洋行仓库区设在南岸下浩虾蟆口，即下浩老街的下方，有洋行办公楼，职员住宅及大、小库房若干幢。一条小溪穿过建筑群，局部房屋的设计也随溪流的变化而呈流线型，被溪沟分隔两边的办公楼和仓库之间有廊桥连接。

● 洋行办公楼主楼为一幢西式风格的二层楼带柱廊的砖木结构建筑，有悬山式屋顶，建筑坐落在一处用基石垒砌的高约9米的台地上，面江背山。台地上还建有外方职员住宅楼、中方职员住宅楼。办公楼和住宅楼围绕在库房周围，布局紧凑、功能合理，中间溪水的流动为单调的环境又增加了一些轻松自然的情趣。

A4

卜内门洋碱公司

● 英商卜内门洋碱公司办公楼和库房修建于1921年，位于南岸下浩周家湾羊角滩63号，前临长江，背倚杨家岗，当年以水路运输为主时，交通极为方便。建筑主体为砖石结构，公司办公楼建在7米高台地上，地下一层，地上二层，临江面有柱廊。底层为石墙，上两层为砖墙，外墙从下往上的厚度依次为底层80厘米、二层60厘米、三层40厘米。屋顶为歇山式，瓦面原为瓦楞白铁皮，后改为机制洋瓦。

● 卜内门洋碱公司仓库与办公楼相连，为异形结构，前后两面墙均为弧形，靠山一面的弧度更大。正面墙上有4米多高的“卜内门洋碱公司”几个灰塑大字。圆弧形外墙除效果美观外，所形成的平面拱形结构还具有抵御和消解后面山坡上雨水和泥沙的冲击的功能。俯观库房与公司大楼，二者整体形似音符，造型相当别致。

● 该建筑在1949年后为重庆商业储运公司使用，定名为702仓库。

A3＊白理洋行办公楼及库房全景

A4＊卜内门洋碱公司近景

A5

A5

安达森洋行

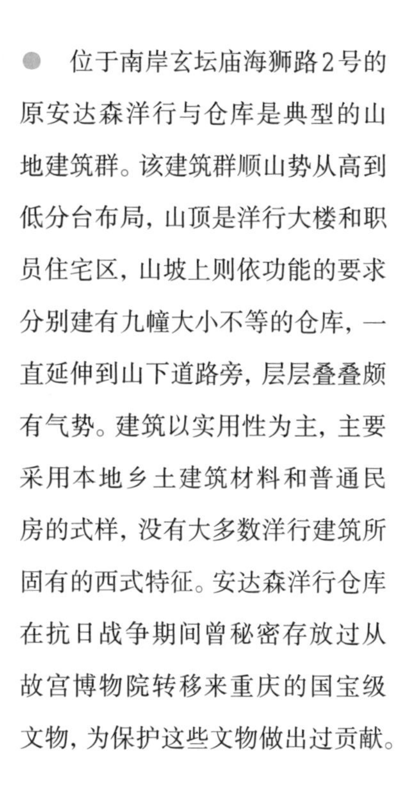

位于南岸玄坛庙海狮路2号的原安达森洋行与仓库是典型的山地建筑群。该建筑群顺山势从高到低分台布局，山顶是洋行大楼和职员住宅区，山坡上则依功能的要求分别建有九幢大小不等的仓库，一直延伸到山下道路旁，层层叠叠颇有气势。建筑以实用性为主，主要采用本地乡土建筑材料和普通民房的式样，没有大多数洋行建筑所固有的西式特征。安达森洋行仓库在抗日战争期间曾秘密存放过从故宫博物院转移来重庆的国宝级文物，为保护这些文物做出过贡献。

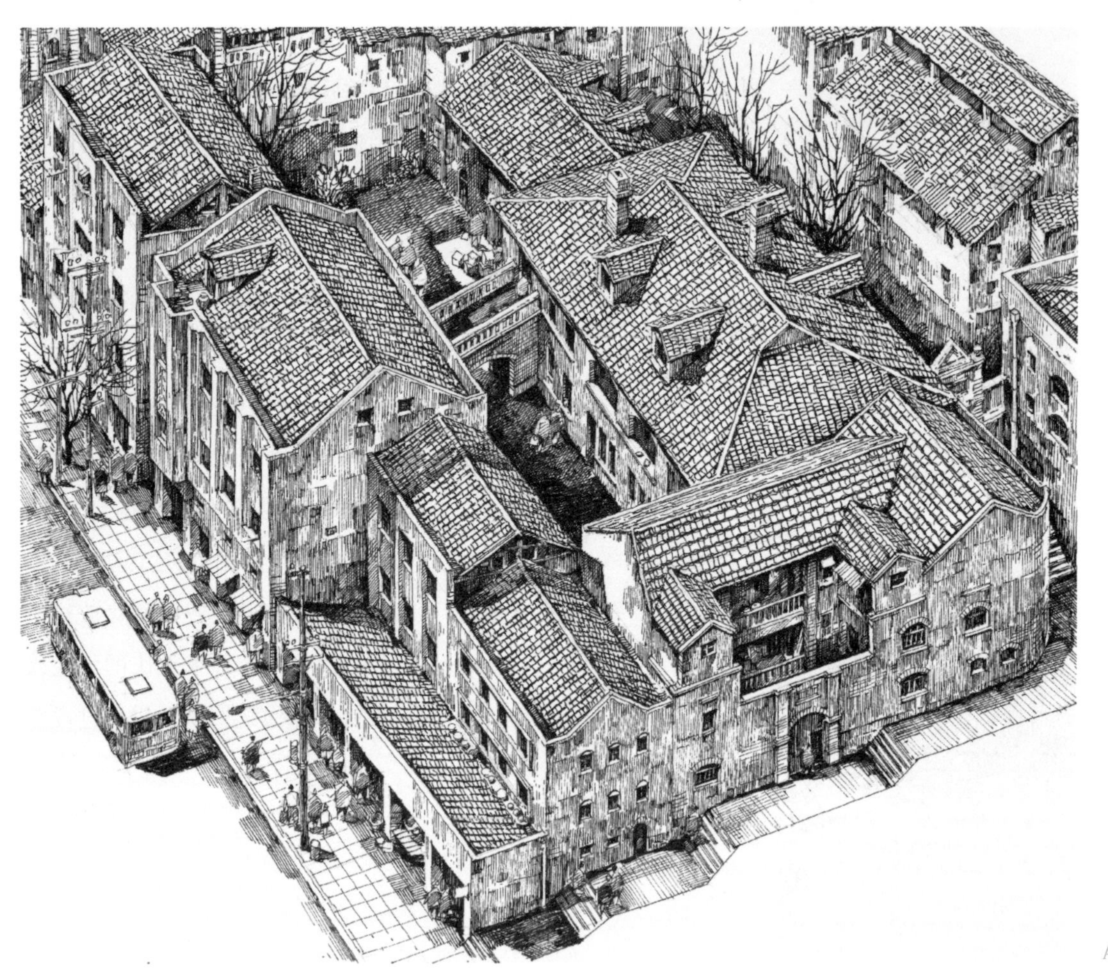

A6

A7

A6 美趣时颜料行

● 美趣时颜料行于1912年开设在重庆县庙街（今解放东路）。其最初经销德国染料，从中分取佣金，后又与英商卜内门公司、美商吉星洋行签订了全川总经销合同，所设推销英、美颜料的网点遍及全川，并吸引了云南、贵州以及西北等地的颜料商来此进货，所经销颜料数量占全行业第一位。抗日战争爆发后，外货来源中断，美趣时颜料行遂停止了颜料的经销业务。

● 美趣时颜料行地处重庆望龙门老城中心区，由一幢商铺楼、一幢住宅楼和一座库房组成。商铺楼设在街边，底层营业，楼上办公和接待客人，货物和人员的出入口也设在这里。商铺楼和内侧的住宅楼之间由天桥连接，主人可以方便地穿梭于两楼之间。住宅楼的右侧是库房，空中通道下面有门，将前来进货的外部人员与内室隔开。整个建筑的功能划分和空间布局较为合理。

● 1950年后，美趣时颜料行商铺楼、库房和住宅楼由重庆工商联合会使用，商铺楼改建成望龙门浴室对外营业，现均为居民住房。

A7 英商盐务管理所

● 英商盐务管理所位于南岸瓦厂湾，建在一座小山顶上，地势高朗，视野开阔，后面可远眺南山，正面则可俯瞰长江。房屋的外貌有早期殖民式建筑的遗风，楼高二层，红顶白墙，底层圆拱窗，二层平拱落地窗，外观粗壮的方形承重柱与窗框边精细的装饰小圆柱形成有趣的对比。

A6 * 美趣时颜料行商铺楼
（左中，天桥左侧）、住宅楼（中，天桥右侧）和库房（中上）
A7 * 英商盐务管理所

A1*隆茂洋行商务楼

A1*隆茂洋行商务楼顶层采光楼井

A1*隆茂洋行商务楼后面通往厨房和后山坡的曲廊

A2 * 亚细亚火油公司城区办公楼正立面

A2 * 亚细亚火油公司唐家沱油库二班房

A2 * 亚细亚火油公司唐家沱油库大班房立面

A3*白理洋行仓库区鸟瞰
（上为洋行大楼，左为职员居住区，其余均为库房）

A4*卜内门洋碱公司大楼和仓库鸟瞰

A4＊卜内门洋碱公司底层宽敞的梯道内景

A5＊安达森洋行仓库远眺

＊白象街街巷中的原美商大来洋行楼房

*卜内门洋碱公司远眺

B 外国会所建筑

Foreign Club Building

B1-1

B1-2

B1

杨家岗外国船员酒馆

南岸下浩杨家岗山脊上有两处曾经的外国船员酒馆，一处位于山脊高处的立新村68号，一处位于山脊低处的立新村71号。高处的酒馆是建在石台基上的砖木结构歇山顶平房，正面和右后部分有柱廊，室内设有舞厅和照相馆。外墙有拉毛黑灰色涂层，门窗有彩色刻花玻璃装饰。低处的酒馆距离上面的酒馆约100米，屋顶建有一个平台，用作露天舞厅，并可以欣赏山脊两边的城市夜景；楼下是室内酒吧，地下室则是存放酒桶的库房和马厩。这处酒馆在1949年后作住宅使用，屋顶平台上又加盖了一层，外貌有所改变。

B1-1 * 山脊低处的外国船员酒馆正侧面

B1-2 * 山脊高处的外国船员酒馆后侧面的小门及柱廊

B2-1

B2-2

B2

日本海军集会所

● 日本海军集会所旧址地处南岸窍角沱大有巷中段，该地段约47公顷的区域在1901年被强划为日本国专管租界。集会所建筑原主人为当时租界内又新丝厂买办。1937年，租界主权收回后，又新丝厂改为国民政府军政部被服厂，游思甫则转为被服厂的主管人员。游在重庆工商界是位举足轻重的人物，其公馆内辟有小型园林一座，内有亭台水榭、假山荷塘等园林小品，是一座有一定规模的私家花园，人称“游园”。

● 其中原日本海军集会所为二层砖木结构建筑，平面呈“山”字形，内侧房间由柱廊相连，两侧对称，正中一圆形尖顶塔楼向外凸起。集会所左侧花园荷塘中有一处类似水榭的园林小品，名石厅阁，全石质结构，上下两层，与传统中式木构水榭相比，有其独特的风貌和趣味。1946年集会所归刚成立的中央警官学校重庆分校使用，1965年成为中国人民解放军成都军区三十九医院招待所用房。

B2-1 * 日本海军集会所外观

B2-2 * 日本海军集会所左侧花园中的荷塘与石榭

B3-1

B3-2

B3

法国船员酒吧

● 位于南岸下浩周家湾河街的法国船员酒吧由法商异新洋行下属职员开设，当年为停泊的外国轮船的船员上岸活动提供食宿之便。这座酒吧建筑从结构和样式来看，可分为中式和西式两个部分。建筑主体为中式，高三层，歇山式屋顶，是模仿重庆传统木结构穿斗房建造，临江的立面有一排两层楼高、西洋建筑特有的砖结构券廊依附于主体建筑，并与其形成错层关系，券廊立面的左端过渡成弧形立面。

● 整座酒吧展示出不同结构、不同风格融合在一起的建筑形态。在左侧拱门额头上有巴洛克式卷草灰塑浅浮雕图案，活泼跳跃的浮雕图案显示了建筑的娱乐场所性质。1950年以后该建筑为南岸搬运社单身职工宿舍。

B3-1 * 下浩周家湾河街法国船员酒吧一角

B3-2 * 废弃后的法国船员酒吧门厅

B4

B4

法国海员俱乐部

● 南岸八角巷原法国海员俱乐部设在玄坛庙码头正街左侧坡上、强华轮船公司大门旁。因地形和道路的关系，其主体为一幢带弧形的条状西式建筑，砖木结构，地下一层，地上二层，临江一面设有外廊。1949年后该房屋作为南岸航运公司办公楼，现在由一家养老院使用。

B5

B6

B5 英国海军俱乐部

20世纪初，瓦厂湾水域为英国商船和军舰的固定锚泊地。位于南岸瓦厂湾48号的原英国海军俱乐部楼房沿江岸山坡而建，外观为二层加阁楼的中国固有式建筑，砖木结构，室内设计则均为西洋式，有舞厅、酒吧、弹子房等各种娱乐设施，二层临江面有宽大的柱廊用以观景和乘凉。1950年后该建筑为南岸肺结核病防治医院使用。

B6 美国使馆公事房

下浩江边老码头96号原美国大使馆公事房是一座砖石结构楼房，地下二层，地上二层半。临江一面有平拱柱廊和圆拱柱廊，阁楼层有老虎窗，墙体敦实厚重，室内空间高朗宽敞，外观造型带有西方殖民建筑的痕迹。这里也曾是美国商船、舰艇船员、水兵休闲的酒馆。

B5 * 南岸瓦厂湾英国海军俱乐部

B6 * 下浩老码头美国使馆公事房

* 英国海军、陆军办事处建筑全貌

C 外国机构建筑 Foreign Organization Building

C1

C2

C1

法国水师兵营

1902年由法国远东舰队修建的法国水师兵营位于现南岸弹子石谦泰巷142号。该兵营是当年长江上游的控制站和物资补给站，兵营前方江面为深水港，这一江段是法国军舰固定停靠点。整个建筑呈合院式布局，主楼建在高达数米的石砌台地之上，地下一层，地上二层半，三面环廊，各层都有半圆形券柱与水平向线脚。立面造型简洁稳定，属典型的早期外廊式殖民地样式。这是19世纪末和20世纪初在中国各地租界流行的建筑风格。兵营大门为中式重檐歇山顶，院落内有“故舰长武荡纪念”铭文的石碑镶嵌在墙上。1949年后，法国水师兵营建筑由重庆粮油机械厂和南岸面粉厂用作办公室及车间、库房。

C2

英国海军、陆军办事处

南岸下浩枣子湾44号两幢小楼原为私人别墅，地处下浩江边美国酒馆后上方山地的凹槽之中，三面环山，一面临江，环境十分幽静。抗日战争期间此处为英国海军、陆军办事处，后为新华信托储蓄银行办事处。两幢楼一为中式，一为西式。中式楼是当时的办公楼，体量较大，正面有柱廊，后面有露台，正面右侧和左侧各有一个凸窗，有廊道连接后面的厨房；西式楼体量较小，房间较为狭窄，为当时办事处职员宿舍。两楼前有块院坝，是工作人员的活动场所。

C1 * 法国水师兵营院景

C2 * 英国海军、陆军办事处建筑全貌

C3-1

C3-2

C3

大韩民国临时政府旧址与光复军总司令部旧址

渝中区七星岗莲花池38号曾是大韩民国临时政府四迁其址的最后落脚点。抗日战争全面爆发后，大韩民国临时政府在中国政府的帮助和支援下，从上海、杭州、长沙等地一路西迁，于1939年抵达重庆，1940年到达重庆市区，先后在石板街、杨柳街、吴师爷巷办公，最后，由国民政府出面并出资安置于重庆市莲花池38号（原是重庆商人苏伯溶的行馆）。该旧址占地面积300平方米，共有房间38间，总建筑面积1300平方米，是由5栋单独的小楼组成的建筑群。青瓦灰砖的两排建筑顺着中间的石梯往上延伸，虽然年代久远，但仍不失庄严。大门的门楣上用韩文、繁体中文和英文分别写着“大韩民国临时政府”几个大字。大韩民国临时政府主席金九的办公室和国务委员会议室均在3号楼三楼。1995年8月，重庆市将大韩民国临时政府旧址复原后，辟为陈列馆对外开放。

渝中区邹容路37号在抗日战争期间曾是大韩民国政府光复军陆军司令部驻地，抗日战争胜利后由从成都迁至重庆的颐之时酒楼总部使用。

C3-1 * 七星岗莲花池大韩民国临时政府旧址

C3-2 * 邹容路大韩民国临时政府光复军陆军司令部驻地

C4

C5

* 东溪老街

C4

莲青楼

● 莲青楼位于南岸黄山蒋介石官邸的中部，建于20世纪30年代，因门前坎下有莲池而得名。建筑面积617平方米，建筑风格为折中式，形体敦实厚重，局部有斗拱符号和变形的莲花瓣作装饰。抗日战争期间美国军事顾问团曾驻于此，经常到莲青楼的美国高级官员有：蒋介石的顾问端纳，参谋长史迪威，顾问团团长巴大维，顾问陈纳德，特使威尔基、魏德迈、马歇尔，大使司徒雷登等。

C5

日本领事馆

● 重庆渝中区临江门顺城街原日本领事馆楼房是清末巴东知县魏国平于1915—1920年修建的。建筑为矩形外廊式，砖木结构，立面处理重点在面向嘉陵江的一面；地上三层半，地下一层，台基较高；拱廊的样式和沉重的格局具有拜占庭风格，半露地面的地下层窗户有石刻花窗装饰。该楼房曾租借给日本领事馆使用，日本领事馆撤出后，重庆宪兵司令部便一直驻扎于此。

C4 * 黄山莲青楼
C5 * 临江门日本领事馆楼房一角

商业建筑

银行建筑

Bank Building

+

其他商业建筑

Other Commercial Buildings

COMMERCIAL BUILDING

● 20世纪20年代开始，重庆城市建设进入了一个有计划的重要发展时期。随着新市区的开辟，城市范围进一步扩大，市容面貌有了明显变化，近代城市特征逐渐显现。在城市交通干道经过的街道，新式商业建筑开始出现，城市繁华的商业区逐渐由渝中半岛沿长江的下半城向上半城和城市新的交通干道两侧转移。规模较大，具有特色的商业建筑主要集中在白象街、望龙门、储奇门、督邮街等地。一般商业建筑大多二至三层，底层为铺面，楼上居住和办公；或底层作铺面，楼上作客栈。建筑的正面用女儿墙代替旧时街道向外挑出的屋檐，墙面主色调大多处理成亮灰色或黄灰色，使沿街门面外观显得整齐、舒展、高朗、明亮。早期受地域和经济发展的局限，重庆经典的商业建筑并不多，一些曾极富特色的商业建筑也在抗日战争期间受到巨大破坏。在国难当头的情况下，新建商业建筑主要表现出两大特点：一是外观朴素，大都非常简洁，没有过多的装饰，多以线脚、凹凸体块等来表现造型，线条强调垂直线，使建筑具有高耸感；二是建筑材料多为本地乡土材料，穿斗结构夹壁墙、板壁墙较普遍，为防敌机空袭，墙体大多处理成黑色或黑灰色作为伪装色彩。但尽管如此仍然有相当一部分商业建筑，在建造风格、建筑质量和装饰精美的程度上显示了当时国内的较高水平。

● 抗日战争爆发后，随着国家政治中心的西移，金融中心也逐渐移至重庆。中央银行、中国银行、交通银行、中国农民银行『四行』和中央信托局、邮政储金汇业局『二局』迁往重庆，重庆的金融地位得到显著加强，金融业的繁荣达到鼎盛。重庆本地的地方银行、钱庄也得到了迅速发展。重庆的银行多集中在繁华闹市区，并沿街分布，如打铜街、小什字、陕西街等重要黄金地段便是金融机构、银行、钱庄的集中区域。这些银行建筑的外观有的为欧洲文艺复兴式和现代式，比较典型的有交通银行、重庆商业银行、川盐银行和美丰银行。银行大楼沿街的正立面成为建筑装饰的重点，以外观的高大、形式的独特显示其实力的雄厚。但有的银行由于局势困难和迁建仓促，建筑并不太讲究，规模也不大，多以坚固的钢筋混凝土和砖混结构为主，以适应战时防火的需要。

*交通银行办事处营业部全貌

A 银行建筑 Bank Building

A1

A2

A1

川康殖业银行，交通银行

● 渝中区打铜街16号原川康殖业银行大楼（今打洞街邮政支局）建于1930年。其造型为西方古典式，全石质结构，正面分上下两段，外观上实下虚，有简洁的横竖线脚装饰墙面，底层入口处以高大石柱支撑上部，气势端庄而雄伟。抗日战争时期，从故宫博物院秘密转移到大后方的国宝级文物曾在这个银行坚固的库房中存放。

● 原川康殖业银行大楼的旁边，即打铜街14号，是1936年建造的交通银行大楼（今建设银行重庆渝中支行）。大楼外观是典型的英国古典主义风格，墙面装饰为巴洛克式，二至四层的中部有四根爱奥尼柱式装饰，显示出建筑的力度感和立体感，起到聚焦视线的作用。大楼局部雕刻细腻优美，整体造型典雅、活泼，富于艺术感染力。此楼堪称重庆近代建筑之精品。

A2

川盐银行，中国银行

● 渝中区新华路43号曹家巷口原川盐银行大楼（今重庆饭店）建于1936年，由工程师刘杰设计，新西南营造厂承建。该大楼显现了西方文艺复兴时期的建筑与现代建筑相结合的折中主义风格，有着很高的建筑标准。当初，大楼快竣工时，川盐银行董事长吴受彤为了让其超过街对面的美丰银行大楼的高度，在八层高的基础上又加修了一层宝顶，从而成为当时重庆最高的建筑。川盐银行大楼平面布局较为复杂，分营业、办公、宿舍几个部分。大楼正面右侧在主干道与支路的拐角处设一柱状塔楼，外观以花岗石贴面，墙面主要由竖向线条作装饰，这是在美国流行的“芝加哥学派”的设计手法，这让大楼成为民国时期山城第一幢新式大厦。川盐银行的右侧是1936年修建的中国银行大楼（今朝天宫大酒楼）。

A1＊打洞街川康殖业银行大楼（左），交通银行大楼（右）

A2＊新华路川盐银行大楼（中），中国银行大楼（左）

A3

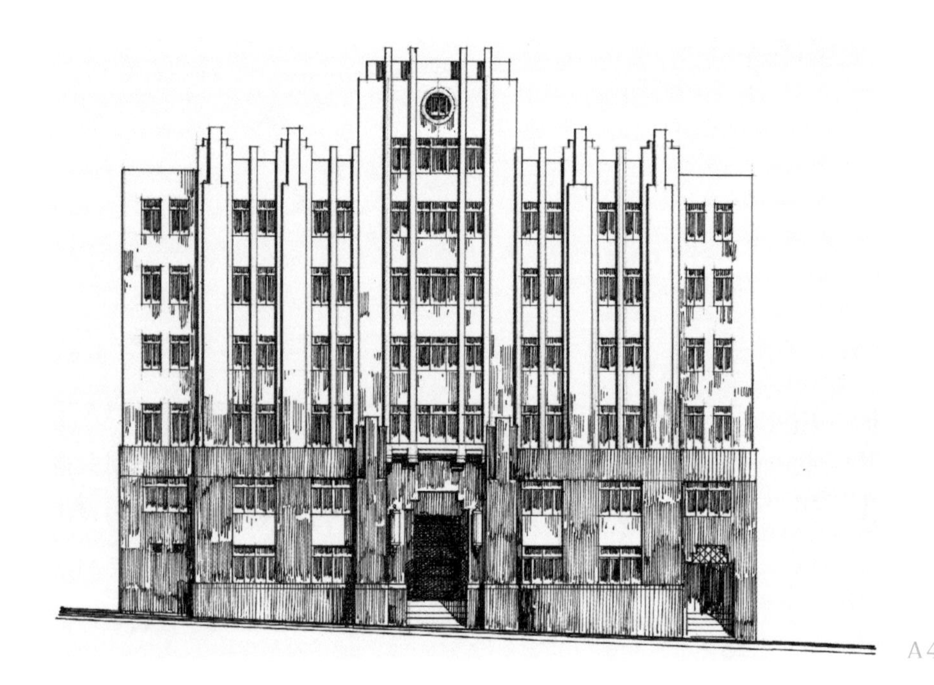

A4

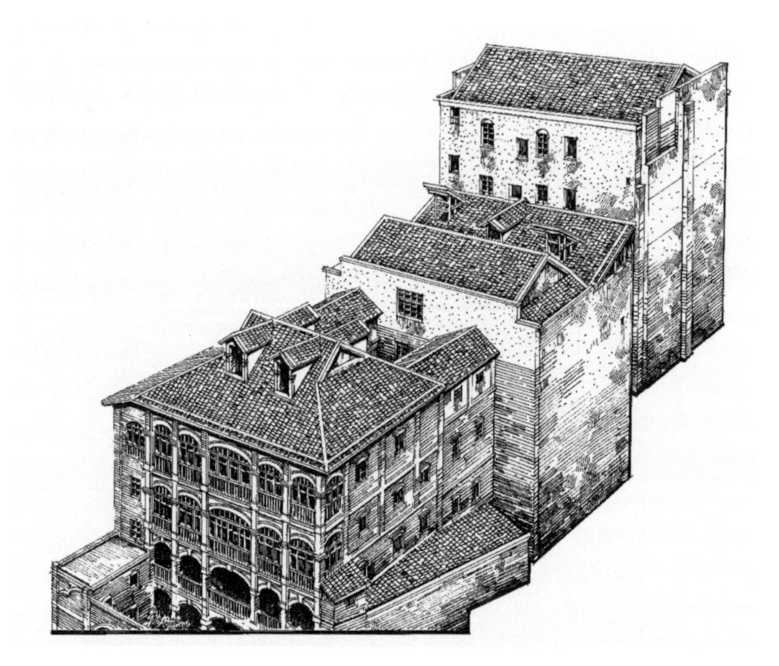

A5

A3

聚兴诚银行

● 渝中区解放东路112号曾是聚兴诚银行大楼，聚兴诚银行是重庆第一家私立商业银行，1914年由重庆富商杨文光及其家族创建。该行曾先后设立西南、华中、华东等管辖行；重庆解放前夕，共有分支行处32个，其中分行8个、支行4个、办事处20个，分布在全国重要的大中城市。1951年11月，该行加入公私合营银行。聚兴诚银行总行大楼由留学日本的黎志平等人设计，据说主要造型是仿日本三井银行的形式，平面为“工”字形，顶部前后各有一个天井直通底楼，以利于采光和通风。楼高四层，除第四层为方窗外，其余均为圆拱窗。建筑外立面有简洁、统一的线脚作装饰。

A4

美丰银行大楼

● 渝中区新华路的原重庆美丰银行大楼建造于1933年，为我国著名建筑师杨廷宝先生设计，属于折中主义建筑风格。大楼立面对称，主体六层，中间为八层，是重庆市最早的钢筋混凝土框架结构建筑之一。

A5

华懋公司建筑群

● 华懋公司房屋也曾是银行家刘义凡私宅，后曾作为“四联总处”重庆分处，设有地下金库等设施。该建筑群由多幢建筑连接而成，包括住宅楼、员工宿舍、楼梯间、办公楼及营业厅，上临陕西路，下接太华楼二巷。整个建筑群由面对太华楼二巷的住宅楼沿坡地向上逐渐提升，最后商业门面房与陕西路大街相接，是典型的山地建筑组合形态。

A3 * 聚兴诚银行总行大楼
A4 * 重庆美丰银行大楼
A5 * 华懋公司建筑群

A6

A7

A6 建国银行大楼

● 建国银行开办于1941年，总行大楼选址在市区繁华地段的小什字路口的转角处（现渝中区民族路2号）。该建筑以砖木结构为主，楼高五层，底层为营业大厅，二至三层为办公用房，四至五层为职员宿舍。建筑主体为一圆柱形塔楼，两翼较为简洁，墙面以重复的竖线条作为装饰。塔楼顶端瓦面中间低四周高，雨水从中间的排水设施中排走，有四水归堂的含意。屋顶正中方形空白处和圆形边框恰好构成外圆内方的古钱币的图形，这也形象地概括出了银行的商业特性。该楼1950年后曾为包括重庆有价证券公司在内的多家单位使用。

A7 交通银行办事处

● 交通银行办事处是抗日战争时期交通银行在李子坝设立的一个机构，包括银行学校、银行金库和郊区办事处三个部分。

● 交通银行学校设在原成渝公路下方临嘉陵江的台地上，有教室、办公室、会议室、舞厅、宿舍、食堂等若干建筑。交通银行一号地下金库可能是当时重庆银行系统中规模最大的地下金库。该库结构奇特，形似章鱼，有两个入口、三个通风塔柱，钢筋混凝土墙体厚80厘米。金库中间并列两个直径10米、高度4米的圆形大厅，厅中间由直径2.5米的空心混凝土圆柱作支撑并起到通风作用，厅内设置有多个小型密室。二号金库的结构较为简单，有两个入口，一个矩形大厅和一个密室。两个地下金库的入口均设置在办公楼楼梯间和学生宿舍前的隐蔽处。这两个金库均坚固异常，是重庆迄今所发现的规模最大的金库，在抗日战争期间起过重要作用。

● 交通银行办事处营业部位于银行学校上方的公路上，是营业厅与职工宿舍相连的多用途建筑。营业厅和宿舍均为二层，平面依基地形状的变化分前、中、后三段，由封火山墙相隔。第一段为办公区，第二和第三段前面为营业厅，后面为宿舍，营业厅与宿舍楼之间空出一个狭长形天井。建筑外墙主要由线脚、清水砖墙和混水墙的深浅和肌理对比作为装饰。建筑的基址在李子坝老街两条道路交汇处，巧妙地利用了地形，把两路交汇的锐角改为圆弧形。建筑整体平面呈三角形，向两侧街道伸展，中间圆柱形塔楼成为整个形体的视觉焦点。建筑造型简洁、端庄，富有时代气息。

A6 * 民族路建国银行总行大楼
A7 * 交通银行办事处营业部全貌

A1＊打铜街交通银行大门外的围墙及街景

A6＊华懋公司建筑群楼梯间部视图

A7＊交通银行办事处右后侧山墙造型

A7*交通银行1号金库裸视图

A7*交通银行2号金库裸视图

A7*交通银行学校全景

*南岸宝丰仓库建筑

B

其他商业建筑

OTHER COMMERCIAL BUILDINGS

B

B2

B1 药材公会

● 重庆是西南地区传统的药材集散地，其药材交易一直都集中在储奇门一带，这里沿街药材商铺林立，小巷深宅中药材客栈仓库密集。为规范商业行为，提高行业的自我管理水平，扩大实力，增强与涌入重庆的外商的竞争能力，药材帮会应运而生，并逐步发展成药材同业公会。

● 药材公会大楼建在渝中半岛储奇门羊子坝，大楼坐北朝南，混合结构，高三层，立面和结构上均模仿欧式建筑的造型。弧形拱窗四周、栏杆和屋檐外墙以石质和灰塑浮雕花纹图案装饰，具有巴洛克风格，呈折中主义特色；而图案内容又全是中国传统民间杂宝吉祥图案和瓜果药材图案。外来的形式与乡土的内容结合得非常自然，工艺之精美，雕刻之繁复，这在重庆早期建筑中并不多见。

● 著名实业家、重庆市商会主席温少鹤还曾在这所楼房里创办了山城中学（今第五十三中学）。

B2 药材帮客栈、堆栈

● 渝中半岛储奇门解放东路239号、348号都曾是药材帮客栈，是集旅社、药材仓库、店铺为一体的商业建筑。临街的四层楼房，底层为药材商铺，底层以上为客栈住房，药材仓库设在里间。建筑简洁实用，临街的立面较为朴素，只增加了柱式的变化和局部装饰，并分别在四层设有楼亭和外廊。

● 渝中半岛解放东路408号曾为药材商号货物堆栈。该建筑的第一道大门正对大街，第二道大门在建筑的轴线上略向右侧歪斜，正对南面，形成一个好的朝向。第二道大门上方有圆形装饰，上面原有灰塑山水浅浮雕图案，山水图案剥落后，仅存圆形边框，这使空旷冷寂的库房产生一种带有艺术情趣的沧桑感。

B1 * 药材公会大楼

B2 * 解放东路239号药材帮客栈朝向大街的外墙

B3

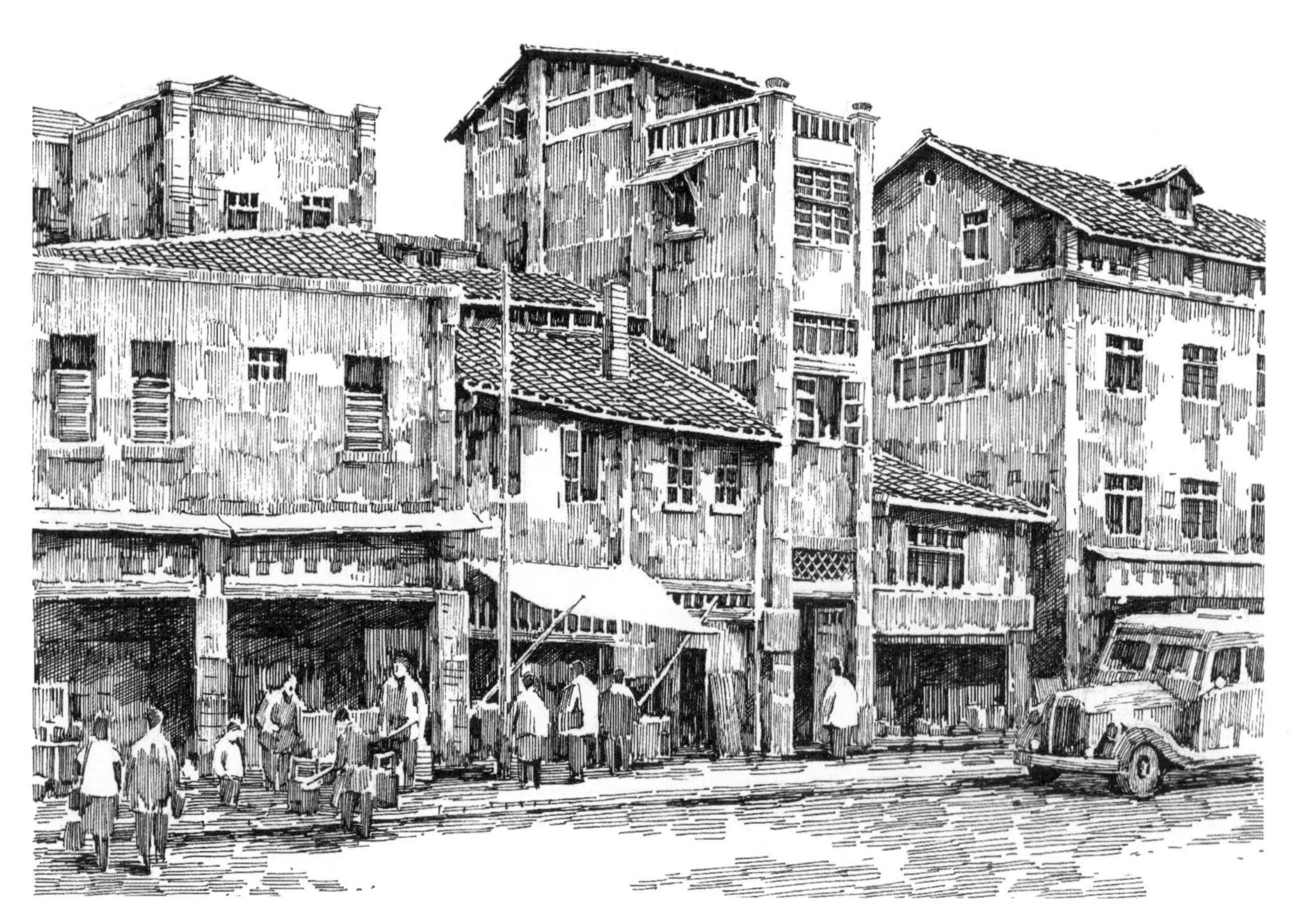
B4

B3

白象街老客栈

● 渝中半岛白象街87号是一家从民国时期一直经营到20世纪80年代的老字号客栈。其建筑立面分三段，主楼三层，辅楼二层，门厅一层，由高到低呈阶梯形分布，前面门厅部分属于最低一段。该建筑正立面左右对称，中间用变异的桃尖形作山头，山头上以圆形、五角星和线脚作装饰，高耸的装饰柱分列两端，山头两侧和后面用加高的女儿墙围合成为背景。与附近大多数商业建筑正面的平直简易女儿墙相比，这座建筑的入口处在形式上显得自由活泼，层次感、立体感都很强，特别是天际线富有变化。这种形式是欧洲文艺复兴时期巴洛克样式与重庆乡土样式的折中和简化，既有本地乡土建筑的亲切感，又有西式建筑厚重、张扬的基本特征。

B4

解放路小客栈

● 渝中半岛解放西路81号曾有一幢小型客栈建筑。该建筑位于繁华街区，在密集的商业建筑群中楼身狭长，其立面宽度尚不足半个开间大小，建筑只有向纵深和向上伸展以争取使用空间。该楼高四层，顶楼有露台，为房主居住，下面三层为旅馆客房。此建筑与下半城其他商业建筑相比，其立面装饰并无特色，但因它像切下的面包一样薄薄的一片而在形体上很有些引人注目。

B3 * 白象街老客栈
B4 * 解放西路小客栈

B5-1

B5-2

B6

B5 三北轮船公司办公楼

● 三北轮船公司简称三北公司，它是我国历史悠久、规模较大、营业范围较广的一家民营航运公司，1915年由浙江驻沪企业家虞洽卿集资创办。1938年，虞洽卿的三北公司迁来重庆从事航运业，并开设以修理船舶为主的机器厂。从事航运的三北轮船公司职员有50多人，有渝丰、涪丰、寿丰、蜀丰等多艘轮船在川江营业，航行于重庆—叙府、重庆—万都等线。至1945年，该公司轮船发展到16艘，船舶总吨位为12418吨，成为四川地区的15家较大的轮船公司之一。

● 原三北轮船公司办公楼位于现渝中区陕西路79号，大楼为二层砖混建筑。1949年后该建筑为西南区银行宿舍。

B6 泉外泉饭店

● 民国后期修建的泉外泉饭店位于南温泉公园入口处，面临花溪河，背靠公园。建筑为一长条形，外观中式风格，正面靠近中部有一塔楼穿插出来，丰富了原本平直的正立面，左侧有一传统风格砖砌大门正对大路。底层为餐厅、厨房，二层为餐厅和舞厅，三层为招待所。

● 该饭店的建筑体量和传统造型风格与风景区比较协调，曾是南温泉很有特色的标志性建筑。

B5-1 * 三北轮船公司职工宿舍
B5-2 * 三北轮船公司办公楼
B6 * 南温泉泉外泉饭店正立面

B7

B8

B7 木洞商会洋楼

● 木洞镇位于巴南区北部，也是一处长江码头。木洞商会成立于20世纪初，可见木洞当时商业的发达和繁荣。商会洋楼位于木洞镇大巷子街中段深巷内，建于1933年，该楼也曾作为川军师长范绍增驻军木洞时的公馆。

● 洋楼两栋楼房相对而立，一栋楼房三开间，一栋楼房两开间。楼高均为三层，底楼有会议室，楼上为办公室和档案资料室。建筑外形主要模仿西式房屋的造型，两栋楼房正面都有券廊，局部装饰与灰塑则是中式图案。楼房空间较低，尤其是正面廊道比较狭窄，仅可供一人行通行。两楼房中间端头花园处的石阶和旗杆平台与房屋的距离更是贴得太近，空间感觉比较压抑。

B8 江津仁沱何胖子盐店

● 江津仁沱何胖子盐店建于民国时期，是中式仿古商业建筑。建筑高耸、张扬，两侧的弧形拉弓式山墙极具特色。该店铺虽然并不大，但显出商家财力的雄厚，成为仁沱街上引人注目的建筑景观。

B7＊巴县木洞商会洋楼
B8＊江津仁沱何胖子盐店

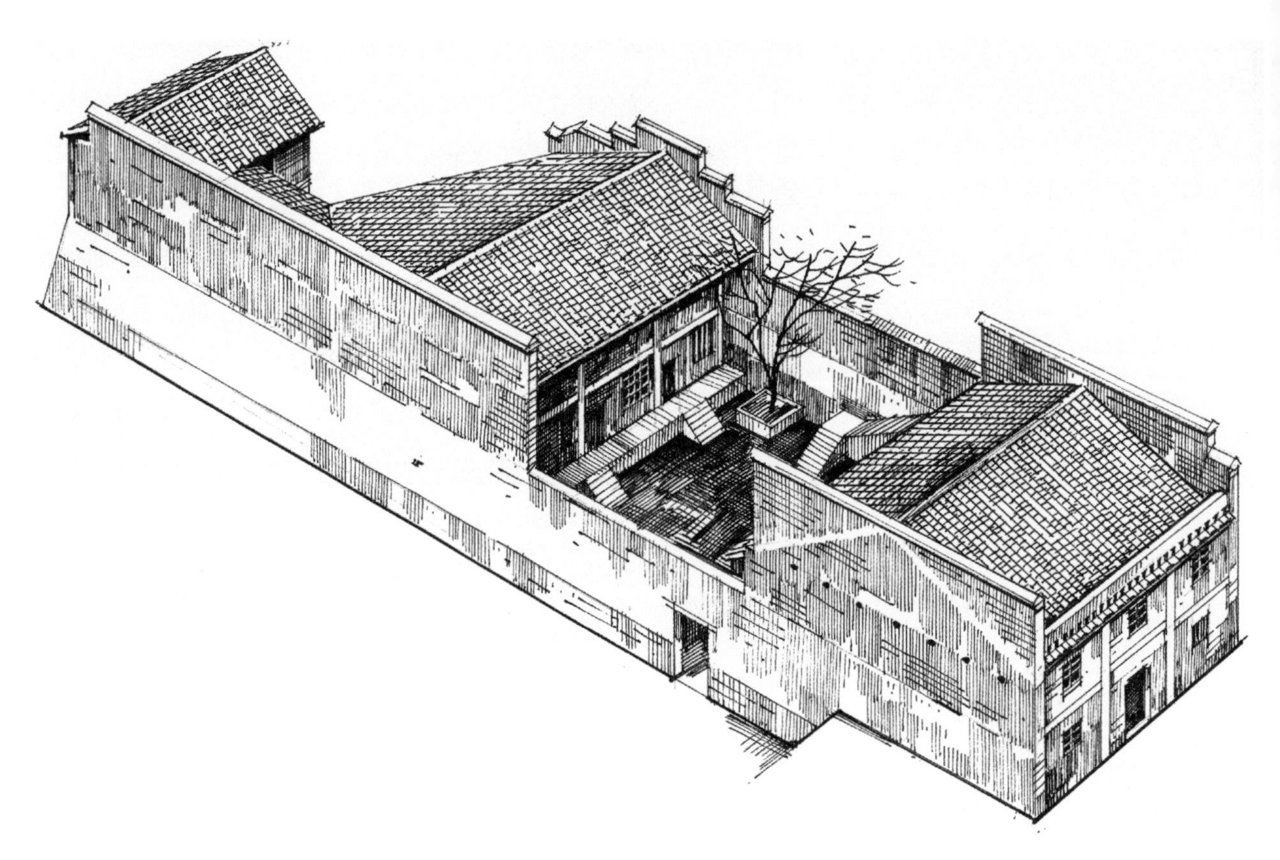

B9

B10

B9 药材商铺

● 秀山县洪安镇洪安街1号老药材商铺，其外形与布局上具有民国时期这一带街区商业建筑的典型特征。整个建筑有较大的纵深，前面为商铺的门面房，中间为住宅，后面为杂物间和厕所。

● 重庆城区和郊区有许多类似功能布局的商业建筑，有的在门面房的后面设住宅，有的在门面房后面设作坊或库房。如江津白沙酒厂就是典型的前店后坊的格局。这是由民国时期多数小手工业者的自产自销经营模式所促成的。

B10 綦江东溪老街

● 綦江东溪镇位于綦河与东溪河交汇处，古为川黔接壤重镇。东溪场镇沿山地斜坡布局，河流溪沟穿城而过，民居、古桥点缀其间，房屋与山水奇石相互穿插、交融，是自然与人文景观俱佳的古镇。抗日战争时期其就为众多文人所称道。

● 除优美的自然风光和独特的民居之外，东溪的老街也是极具特色，沿街店铺大多保留了民国时期传统与西洋并置的装饰格调，蜿蜒曲折的街巷空间层次丰富，房屋高低错落、形态讲究。老街既有浓郁的生活气息，又有历史的沧桑感，至今还隐约残留着历史上商贸繁盛时期的诸多痕迹。

B9 * 秀山县洪安镇老药材商铺及住宅俯视

B10 * 綦江东溪商业老街

B2 * 解放东路348号药材帮客栈临街立面

B2 * 解放东路408号药材商号堆栈

B3 * 白象街老客栈中庭一景

★玄坛庙黄家巷中央电影摄影场抗战旧址

B3 * 白象街老客栈有天井的甬道

* 黄桷垭斜坡上的商铺

* 南岸宝丰仓库房屋

教育、文化建筑

学校建筑 School Building

纪念建筑 Memorial Building

文化建筑 Culture Building

EDUCATION BUILDING& CULTURE BUILDING

重庆开埠后，西方势力在经济和文化领域向内地渗透，长期处于封闭状态的重庆在教育、文化、医疗卫生方面都受到了很大冲击，传统封建的教育体制、陈旧的文化模式和落后的卫生习惯逐渐得到一定的改观。特别是从固有的书院式教育过渡到提倡民主作风的新式学堂教育，再到普及科学、文化的各类学校教育，使近代重庆教育在四川省居于领先地位。1892年创设的川东洋务学堂，是近代重庆官立学校之始，1897年又创设了重庆中西学堂，代表资产阶级文化的『新学』逐渐发展。20世纪初，全国掀起了兴办学校和出国（主要是日本）留学的热潮。重庆地居西南要冲，大批有志青年远渡日本、欧美留学，学成归国后多从事教育和文化方面的工作，积极倡导迥异于旧式书院的新式教育，其西方和日本教育模式的色彩相当浓厚。到1904年，重庆已建立丰盛、正蒙公塾等小学24所，重庆府中学堂等学堂4所，巴县医学院、川东师范学堂等各类专门学校45所，成为四川省新式学堂最多的地区。这些学校大多以讲授西方科学知识为主，在教学上有的也开始采用西方的教学方法，为宣传、组织资产阶级革命，发展民族资本主义，传播新思想、新文化起到了积极作用。许多进步人士还直接参与校园的规划和建设，使得近代学校校园建设逐渐在城乡兴起，校舍建筑有了较大改变，出现了令人耳目一新的仿西式或折中式的新式教学楼、图书馆和办公楼。这些学校建筑主要以西式、日式或中国固有式建筑为主，室内空间宽敞，有良好的通风和采光，还有专门的学生运动场地。这些近代校舍建筑使我们感受到这个历史阶段重庆的教育、文化事业在先辈们的不懈努力下，在艰难探索中寻求变革和发展的历程。

抗日战争时期，重庆作为战时首都，汇集了众多来自全国各地的大专院校和大批教育、科学、文化、医疗卫生等机构、团体，专家、学者。他们办教育，搞科研，抓创作，建医院，使重庆教育、文化、艺术事业呈现出空前繁荣的局面。这一时期所建造的文化建筑从形式到内容都体现出当时长江中下游及沿海各重要城市汇聚而来的新文化、新观念、新思想，以及建筑工程领域的新技术、新材料、新形式，给重庆注入了新的生机与活力，奠定了重庆作为当时教育文化中心的地位。

*大溪沟重庆私立孤儿院图书馆

A 学校建筑 School Building

A1

A2

A1

重庆大学

● 重庆大学创办于1929年，最初以菜园坝杨家花园作临时校舍，同时在沙坪坝又勘定了永久校址。1933年重庆大学沙坪坝新校舍落成，1942年重庆大学被确定为国立综合大学。重庆大学校园地形的山地特征明显。校舍的规划参考了国内其他大学的布局，但更多地考虑了山地地形的特点。校内早期主要建筑均呈带状分布在嘉陵江北面一侧悬崖顶端的山地平坝边缘，前有较为宽阔的校园发展场地，后是陡峭险峻的悬崖，视野高远开敞，尽览山水之胜，有非常好的山地自然景观效果。

● 重庆大学工学院教学楼建于1935年，由英商隆茂洋行建筑师莫利生设计。该教学楼的造型模仿西方古典建筑风格，平面呈“L”形，入口处是以一六棱形塔楼作中心。主体三层，局部四层，有地下室。墙体全用条石砌筑，在重庆创全石建筑的先例。该建筑现称为重庆大学第二教学楼。

A2

饶家院

● 重庆大学校内清代遗留下来的合院式建筑群饶家院，始建于清咸丰年间，是清末举人饶冕南的私宅。饶家院是一座三重院落的四合院，建筑形制古色古香。大院坐北朝南，后临嘉陵江，坡地左右环绕，入口处有一泓荷塘，环境宁静优美。

● 饶家院位于现A区新建综合楼位置，地处学校的中心地带，早年曾做过青年教师宿舍，里面也曾有邮局、报刊亭、新华书店、文具店、杂货铺、理发店等服务设施，还作过学校工会活动室，时常举办教师书法绘画方面的展览，曾是一个学生聚会社交的场所。几十年来，饶家院也见证了重庆大学历史的变迁。

A1 * 重庆大学工学院鸟瞰

A2 * 重庆大学饶家院

A3

A4

A3

中国美术学院筹备处

1937年7月徐悲鸿先生随中央大学内迁来到重庆，居住在江北盘溪。1942年，徐悲鸿聚集起转移来重庆的绘画名家，在江北盘溪石家祠堂原有的几间大房内筹建中国美术学院，作为一所在当时具有研究院性质的高等专科学府，徐先生自任研究员兼院长，聘齐白石、张大千、吴作人等一批画坛名家为研究员。学院成立后，徐悲鸿多次组织研究员实地写生搞创作、举办画展，对扭转画坛颓废之风起到了积极的导向作用。1948年，中国美术学院迁往北京，成为新中国成立后的中央美术学院的前身。

A4

中央大学

1937年国立中央大学率先由南京西迁重庆，在重庆沙坪坝借重庆大学松林坡设立重庆校区，与重庆大学风雨同舟、相邻办学。在重庆，国立中央大学顶着日机的常年轰炸，发扬抗战精神，艰苦办学，不断发展壮大，成为国内办学规模最庞大、学科设置最齐全、师资力量最雄厚、综合实力最强的全国最高学府。在重庆的办学时期是该校1902年建校以来历史进程中的一个鼎盛时期。

A3 * 创办于石家祠堂内的中国美术学院

A4 * 中央大学借住重庆大学松林坡旧址

A5

A6

A5

中央政治学院

● 中央政治学院于1938年由湖南芷江迁至重庆，选定市郊南温泉附近阮姓地主庄园——“小泉行馆”为校址。学院在行馆原有格局的基础上修建了办公楼、大礼堂、教室、别墅、宿舍等房屋。学院办公楼为二层合院式建筑，系砖柱土墙木结构，中间有一狭长天井，内有柱廊环绕，属于比较封闭的内聚式乡土风格建筑。

● 该学院是当时国民党培养行政官员的最高学府，蒋介石任校长，时常来校检阅、训话、演讲，国民政府的一些重要会议也曾在此召开。1949年后，解放军二野军政大学、西南军区招待所、324医院等先后驻此，1980年辟为小泉宾馆。

A6

川东师范学校图书馆

● 1906年重庆创办了第一所正规的师范学堂，为道辖36县培养师资。中华民国成立后，该学堂改名为川东师范学校。校址先在学院街，1931年迁石马岗（现在的重庆市劳动人民文化宫位置）新建校舍。原川东师范学校图书馆是遗存下来的部分校舍之一，该建筑坐落在高台基之上，砖木结构，高二层半，正面中部外突，底层入口架空，采光较好。抗日战争时期，该楼曾作为国民党中央执行委员会调查统计局办公楼使用，后成为重庆市劳动人民文化宫图书馆。

A5 * 中央政治学院办公楼

A6 * 川东师范学校图书馆

A7

A8

A7 四川省乡村建设学院

1906年4月18日，重庆创办了第一所正规的师范学校——官立川东师范学堂。中华民国成立后，川东师范学堂改名为川东师范学校。1932年，该校设立乡村师范专修科，后专修科迁至沙坪坝磁器口，并先后改名为四川省乡村建设学院、四川省立教育学院。1950年，四川省立教育学院与1940年创办的国立女子师范学院合并组建成西南师范学院，后迁往重庆北碚。原校舍由今重庆二十八中使用。

四川省乡村建设学院办公楼占据学校最高点，为二层中式建筑，外形朴素，正中和两侧入口处形体有变化，是原建在此处的学生宿舍改建而成。图书馆也为中式建筑，其地形前低后高，基座也较高，整体由建筑主体和入口处的歇山式门廊两部分组成，形成大小高低的对比，丰富了构图和立面造型，把入口处装点得很是壮观。

A8 第二机械学校教学楼

沙坪坝井口先锋街柏杨村67号原为重庆第二机械工业学校教学楼，建于1954年，由援华的苏联专家设计。当时除教学楼外，还设计建造了办公楼、学生宿舍、教师宿舍等配套建筑。这些建筑均以中国传统建筑风格为主，但在空间利用、材质搭配、色彩设计上也显示出苏联建筑的一些特点。其中最有特色、最精美的是学校教学楼。该教学楼外观具有中国传统的殿宇风格，平面呈“V”形，按中轴线对称布局，中部凸出一方形塔楼，塔楼的顶部是中国传统建筑屋顶形制中最复杂、最丰富，也是最具形式美的十字脊歇山顶，在整个建筑中具有聚焦的作用。该楼外墙以红砖砌筑，间以浅色混水墙作对比，两翼向外伸展，外形像一艘乘风破浪的巨轮。主楼三层，局部二层，主楼二、三层外侧有柱廊。整个建筑远看气势挺拔端庄，空间秩序井然，近看又能欣赏到许多繁复精美的细节，有很强的纪念性、象征性。这幢建筑在自然环境的利用上很有特色，在“V”形的正面，地形平整开阔，而在“V”形的内侧则保留了一座十多米高自然的山体，这个长条形山体从外面延伸进来，山上满目苍翠、绿树成荫，创造出“不出城郭而获山林之怡，身居闹市而有林泉之致”的理想空间，成为与建筑相配的一个非常巧妙的借景。

A7 * 四川省乡村建设学院办公楼（坡顶）和图书馆（坡底）

A8 * 重庆第二机械工业学校教学楼

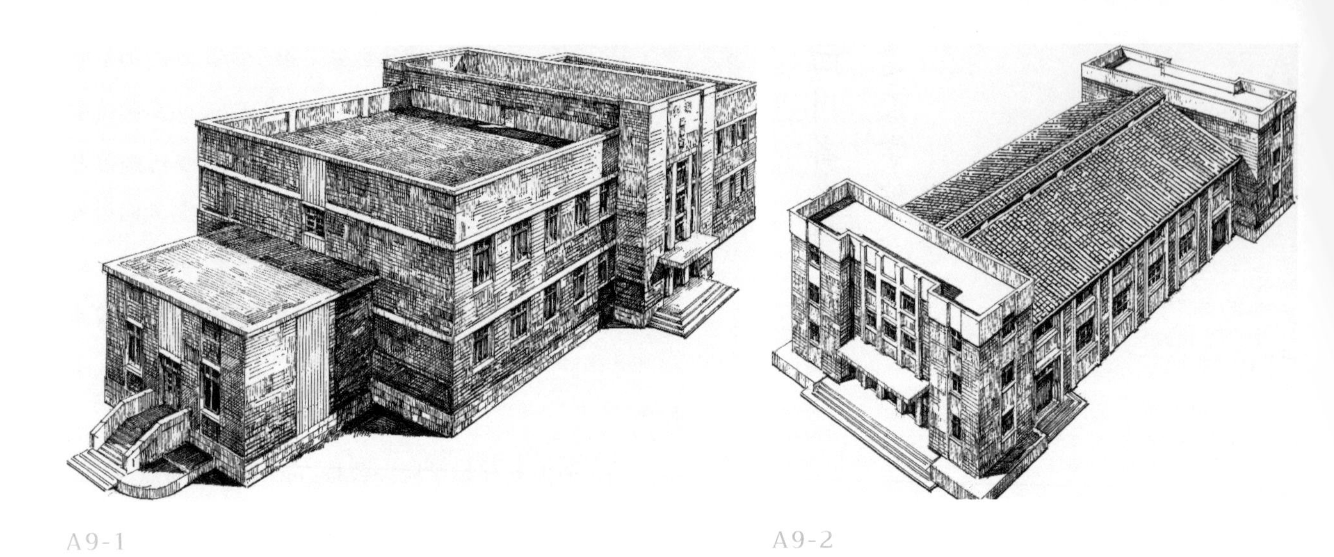

A9-1

A9-2

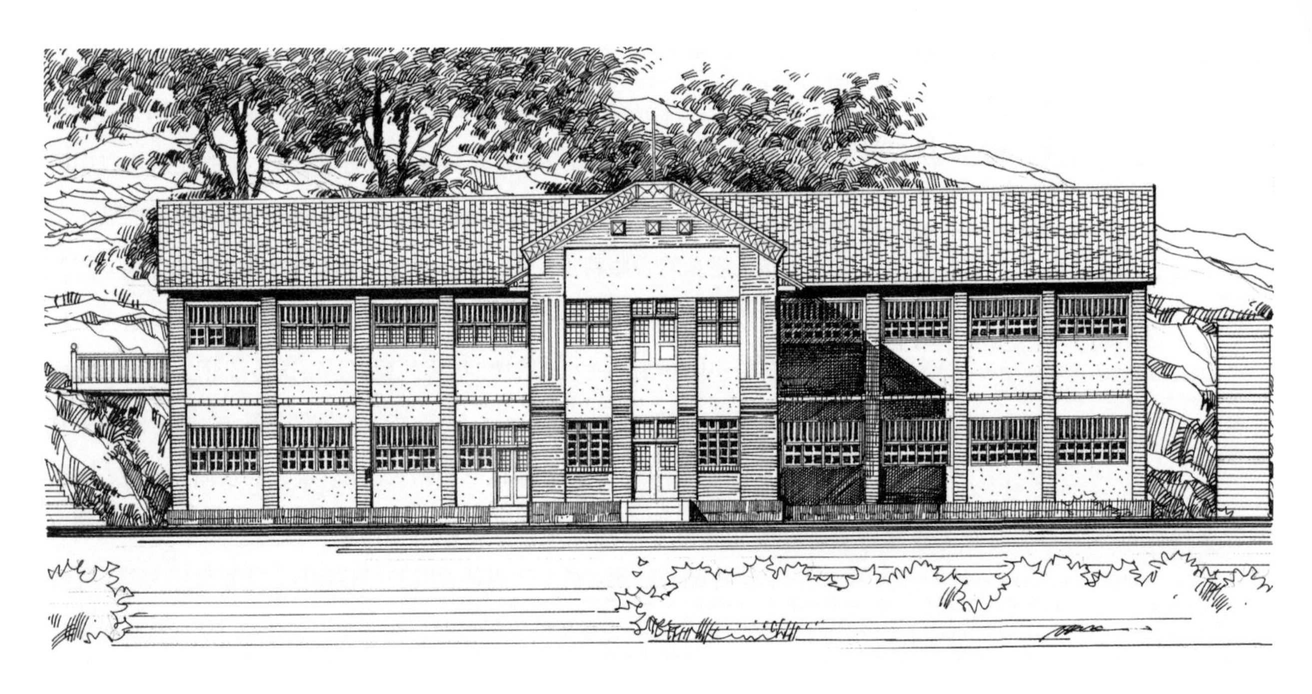

A10

A9 南开中学

重庆南开中学由张伯苓先生于1936年创办。现南开中学所在的沙坪坝沙南街1号原是在抗日战争时期为天津南开大学迁入重庆勘定的校址。南开大学并入设在昆明的西南联大后，此处校区便改为南开中学。此时的校园面积360多亩，保存了较多的民国时期建筑，如教学楼、礼堂、图书馆、学生宿舍、老水塔等。其中居住区津南村的16幢合院式教师住宅更是完好地保留至今。

A10 蜀都中学

重庆蜀都中学系1944年由中共中央南方局秘密创办于江北盘溪，属川东临委、川东特委领导。周学庸、税西恒先后担任校长，南方局拨给部分经费和校舍。学校附设小学及大学先修班，教师多为共产党员和进步人士。1950年，由于大部分师生参军，学校停办。

蜀都中学教学楼由运通炼油厂原有建筑改建，平面呈“T”形，两层，中间部分外突，外突部分底层为传达室和管理用房，二层为教师办公用房，其余均为教室，共21个房间。建筑系砖木结构，砖柱夹壁墙，夹壁以木作骨架，在骨架上编竹蔑，再抹谷草黄泥，复抹石灰，外墙面刷黄色。木窗分二层，四窗框，每窗以多格组成，正面外突部分有简略装饰。该楼在学校停办后移交西南军政委员会工业部，后为江北织造厂使用。

A9-1 * 南开中学老图书馆（现为学校教务处综合办公楼）

A9-2 * 南开中学礼堂（原名午晴堂，始建于1936年，曾被日机轰炸夷平，后重建。抗日战争期间，周恩来以校友身份多次回校在此给师生作形势报告）

A10 * 蜀都中学教学楼正立面

A11

A12

A11

重庆高中

● 重庆高中旧址位于渝中区公园路下方的征收局巷，建于民国早期，为两幢形态相近、大小略有区别的二层外廊式砖木结构建筑。楼房坐西北朝东南，庑殿式屋顶，楼层四面以回廊相通，建筑形态典雅、朴素。

● 1929年，黄埔军校学生，中共党员梁靖超创办重庆高中，校址就设在此地，校长刘湘，副校长梁靖超。早年国民党（左派）四川省党部曾在此办公，抗日战争时期此处又为国民政府外交部驻地。

A12

山城中学

● 渝中半岛下半城九道门曾有重庆药材同业公会建立的会所，1935年药材同业公会在此开办私立兴华小学，专为药材业商人子女提供入学的便利。历经多次变更后，此处成为重庆山城中学的校舍。校舍由一幢三层主楼和一幢二层辅楼围合而成，侧门与药材公会相通，共用院坝场地。建筑整体造型为西式风格，正立面简洁明朗，装饰重点集中在入口处，入口处上、中、下三段式划分，采用贴壁方柱墩、艺术托座和各种线脚作装饰，体现了西方文艺复兴时期艺术趣味与近代建筑相结合的折中主义风格。建筑立面整体简繁相宜，华贵典雅，具有文化殿堂的细腻质感。山城中学后迁往凯旋路，更名为红岩三中，即现在的复旦中学。

A11 * 征收局巷国民党（左派）四川省党部及重庆高中旧址

A12 * 山城中学教学楼

A13-1

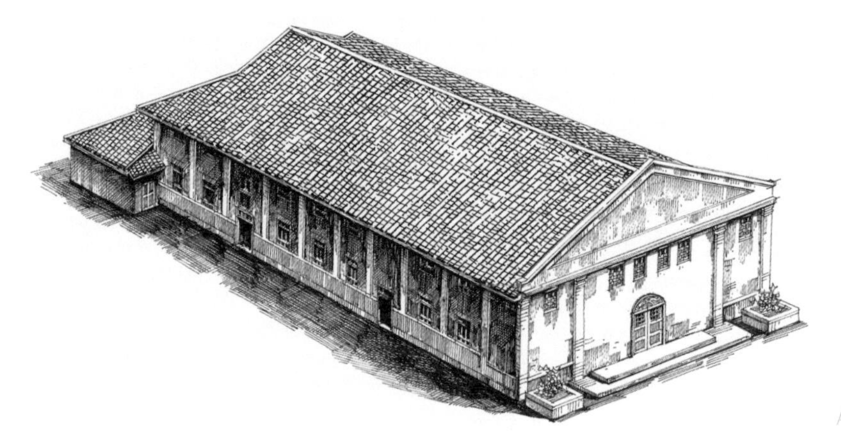

A13-2

A14

A13 国立第八中山中学与国立江津师范学校

● 国立东北中山中学是以民主革命先行者孙中山先生的名字命名的中国第一所国立中学，于1934年3月创建于北平。七七事变后，学校在“华北之大，已安放不得一张平静的书桌了”的险恶形势下不得不撤离，辗转流亡江苏、湖南、广西、贵州、四川等地，于1939年由贵阳迁至重庆。日机轰炸重庆，学校疏散迁建于云、贵、川、渝，总名称为西南国立中山中学，分校以序号冠名。

● 1940年，国立第八中山中学建于江津白沙红豆树，作为主要为招收沦陷区流亡学生的完全中学。校舍旧址蕴含了珍贵的抗战文化。学校建筑中最有特色的是八角洋楼，原为当地富商于20世纪20至30年代所建的别墅。洋楼砖木结构，地下一层、地上二层，西式造型为主，中式传统亭台点缀，主要供教师办公和居住所用。1941年，第八中山中学并入国立第十七中学，成为其女子中学分校。

● 1940年，国立第十七中学由巴县迁至江津白沙；1945年命名为国立江津师范学校。该校曾为江津及周边地县培养了2万多名中小学老师和管理人员。校内至今仍有数幢民国时期的校舍建筑，其中学校大礼堂颇具特色。礼堂正面山墙有模仿西式宫廷建筑立面的痕迹，但化妆间、舞台所在的礼堂背面的造型和门窗的雕刻图案上又是典型的中国传统样式。

A14 求精高等学堂

● 1891年，美国基督教美以美会在上清寺曾家岩创办重庆求精高等学堂。学校坐落在嘉陵江边峭立的崖壁之上，居高临下，视域宽广，可以俯瞰江中景色，远眺江北风光。校内有教学楼、办公楼、教师、学生宿舍等，其中办公楼作为学校最后的老建筑留存下来。该建筑平面呈“工”字形，地下一层，地上二层半，砖石结构，内部为西式布局和装修，屋顶为中国殿宇式风格。抗日战争时期远东盟军司令部曾驻此。该校1951年由重庆市人民政府接管，校名定为重庆市求精中学校，1952 年有多所学校并入且更名为重庆市第六中学校，1998年复名为重庆市求精中学。

A13－1 * 江津白沙国立第八中山中学八角洋楼校舍
A13－2 * 国立江津师范学校大礼堂
A14 * 求精高等学堂办公楼

A15

A16

A15 精益中学

● 1912年基督教英美会在南岸弹子石正街租佃房屋创办华英小学，校长为加拿大籍。1919年，学校增设初中班，更名为华英初级中学，随后筹备在弹子石鸭儿凼勘测规划和修建校舍。1936年，时任董事长的李根固以“精益求精”之意，将校名更名为私立精益中学。

● 加拿大籍传教士文幼章（1899—1993年，出生于四川乐山，加拿大著名的社会活动家，一生致力于加拿大与中国的民间友好事业）受教会委派，掌握该校行政权，兼任英语教师。1937年秋季该校创办高中部，从此精益中学就奠定了完全中学的基础。高中部校舍在弹子石龙井湾北坡田间，学校虽物质条件差，却秩序井然，教学勤勉。

● 精益中学的青砖楼由文幼章于1934年经办修建。其外观为中式，屋顶为歇山式，正面中部略向外突，由地下一层，地上三层构成，其中地上二层中部为校长办公室，地下一层有会议室和储藏室，其余均为教室。青砖楼是精益中学以及后来的第十一中学的主要标志性建筑，也是原精益中学时期唯一存留至今的建筑。后面与青砖楼在同一轴线并位其后方的二层楼房底层为各教研室用房，二层为教师住房。它的右侧平房是图书室，其余的则为各种辅助用房。

A16 文德女子中学

● 文德女子中学为基督教英美女布道会四川分会所创办。1921年，女布道会在渝中半岛打铁街购地建房，创办时名为私立英美女子小学，第一任校长为加拿大籍女教士。1925年学校扩建校舍，并招收初中班；1926年更名为私立文德女子初级中学校，分设中学和小学两部。

● 1937年，抗日战争爆发，重庆作为陪都接纳了众多撤到大后方的各界人士，报考文德女中的学生人数日渐增多。重庆大轰炸开始后，为师生安全考虑，学校迁移到南岸弹子石龙井湾。这时全校有5个班，学生176人。1942年，精益中学女生部合并到文德女中，校舍也随之扩大，又增设高中部，1943年学生人数增至700人左右，这段时间是文德女中极盛时期。

● 文德女中校舍依山而建，充分利用地形关系，布局既严谨又灵活，建筑形式简洁、美观、实用。校园内遍植万年青、黄桷树、茶花树、香樟树，长年绿荫密布，有一种典雅、幽静的氛围，被誉为园林式校园。

● 抗日战争胜利后，转移到重庆的外地人大量返回，文德女中学生随之减少。1952年，文德女中与精益中学两校合并，从两所学校的校名中各取一字，而得名为文益中学。1953年，市教育局将其更名为重庆第十一中学校，原校舍现为十一中学膳宿部。

A15 * 精益中学部分校舍鸟瞰
（正中建筑为青砖楼）

A16 * 文德女子中学概貌
（左侧是用作办公的华西楼；
中间二层楼房是用作教学的华东楼；
最高处为礼堂，右前方为学生宿舍，
最右侧为图书室）

A17

A18

A17

重庆私立广益中学

● 重庆私立广益中学前身是英国伦敦基督教公谊会所办的广益书院。该院于1894年经清政府批准成立，校址在下督邮街，1904年迁南岸黄桷垭文峰塔侧，更名为广益中学。1928年，学校与基督教公谊会脱离关系，改称重庆私立广益中学。1930年第一届校董事会成立后，学校经费逐渐改由校董事会募捐和收取高额学费自筹。此后，扩建了校园校舍，扩宽了运动场，修建了藏书达数万册的图书馆，办起了高中部，学生多达800余人。加之名师任教，遂使广益中学一跃成为全市的名校，享有“江巴学校之冠”的美誉。1951年，学校由重庆市教育局接办。

● 广益中学位于南山之巅的垭口之上，坐北朝南，前望古塔，右眺江山美景，耳闻教堂钟声，四周青山环抱，绿树掩映，是重庆城区自然环境优雅、人文景观绝佳的学校。校舍依山就势，按功能的需要呈不规则分布。图中有塔楼的房屋是教学楼和办公室，中后是教师宿舍，左侧为学生宿舍，左后为食堂。前方足球场边有一形似天安门的重檐歇山式砖木结构检阅台，称“民主廊”，是学校至今仍保留的老建筑之一。

A18

裕华街小学

● 南岸弹子石从江边沿老街拾级而上，到山顶最高处就是裕华街。这里地势高耸、视野宽广，在清代曾建有官府用于防御、瞭望的碟楼。

● 1921年重庆规模最大的棉织企业南岸裕华织布厂厂主购得此地，创办了裕华街小学。学校由一幢有地下室的二层教学楼以及教师住宅等附属建筑组成，依山势修建，取地形之利，与环境巧妙结合。坡地上垒砌很高的堡坎，使校园内得以平出一片地势平整的台地。教学楼沿堡坎修建，正、背立面呈弧面，四面以柱廊相通，采光、通风良好、视线宽阔，上可眺望朝天门，下可远观江北青草坝。大楼青砖上均模压有“民国”“十年”“裕华”“布厂”等字样。

● 教学楼连同旁边由通廊改建的教师住宅，把学校围合成一个不太规则的扇形。从江边往上看，弧形的大楼像一座宽大的圆形城堡矗立在山上。该楼也是当时弹子石沿江一带体量最大、位置最高、形态最具特点的建筑。附近居民习惯把这幢楼也叫作瞭望楼。

A17 * 广益中学早期校园景观

A18 * 裕华街小学校舍

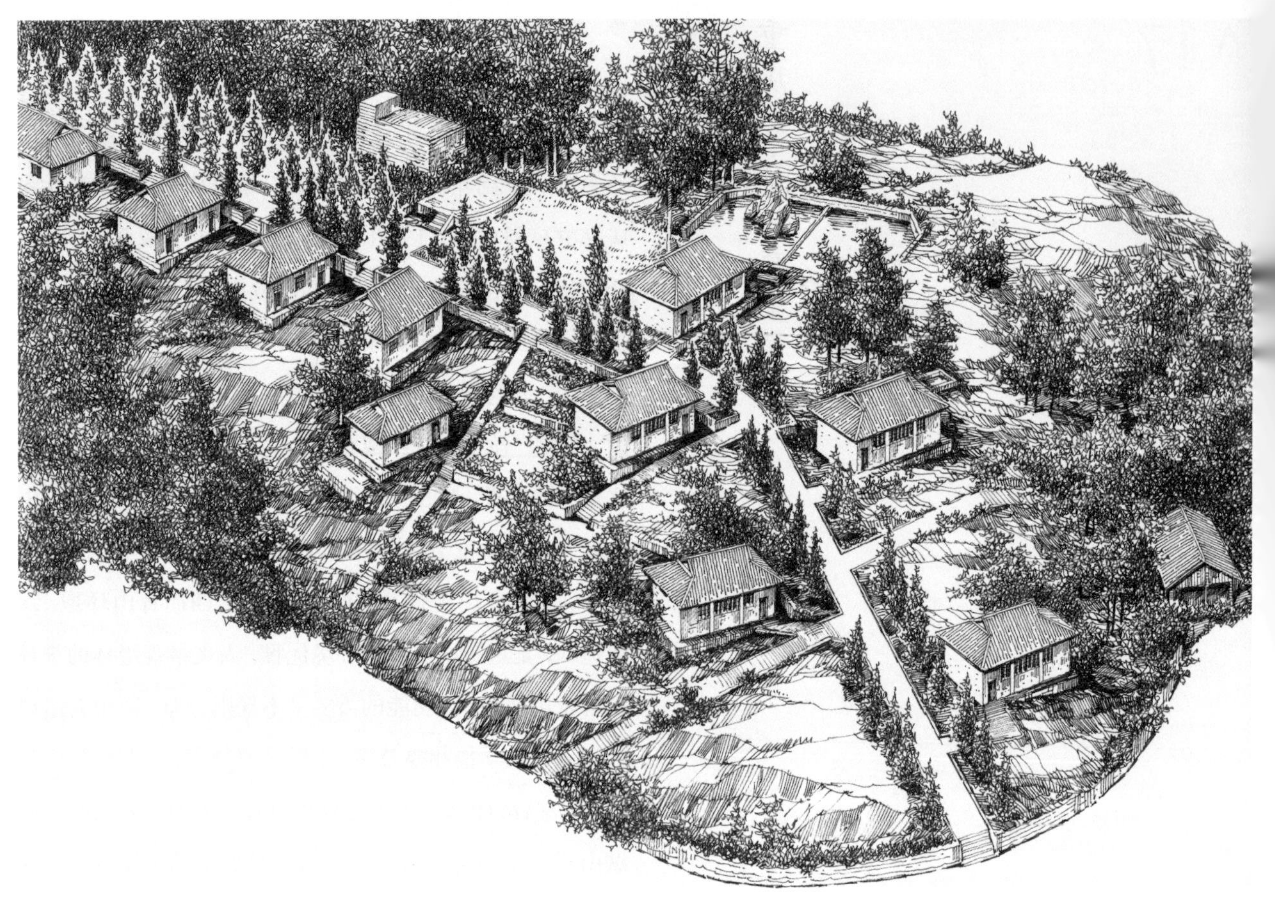

A19

A20

A19 私立世德小学

● 建于民国时期的私立世德小学位于江津刁家堡子岗山上，左观刁家场，右眺山川田野，视野广阔。当时为了应对日机的频繁轰炸，避免伤亡过大的情况发生，校长刁敬安令本应集中修建的教学楼分散成若干单体小教室依山形布局排列，这也形成了世德小学的独特校园景观。教室、办公室、教师宿舍、食堂和后操场沿山脊由北向南呈带状依次排列，建筑群正中以两米宽的道路作为中轴线，主要道路两旁整齐排列着翠柏。山脊上有大片的花圃、苗圃、荷塘和数量众多的高大香樟树、黄桷树、白果树，以及蓄水池、室外表演台、石桌凳等。

● 私立世德小学是一个隐匿在树影花丛中环境宁静而优美的园林式校园。由于环境绝佳，师资力量又强，因而生源极好，在当时江津私立小学中其教育质量名列前茅。

A20 林庄高等小学堂

● 1904年，长寿知县唐我圻在凤山书院的基础上，选址县城东面的林庄坝倡建了林庄高等小学堂（最初校名为林庄学堂）。这所学堂也许是重庆府治内创办最成功的小学堂之一，其办学资金、办学模式、校舍规模等都是当时国内学界的理想状态。唐知县几度筹银数万两，按日本小学常用的布局模式和建筑样式来修建校舍，分教学院、教员院和学生院三个部分。学堂前临长江，后倚凤顶岩，建有礼堂、教室、自修室、风雨操场、学生寝室、膳堂、办事人员宿舍等。建筑群多为土墙木结构平房，相互之间围合成复杂的院落关系，内部各功能区有走廊和廊道相通。据说建校用的部分木料还是来自犯贪污罪官员的私宅，知县将贪官的房屋扒掉，把有用的材料拿来建校舍。该校除招收高小学生外，还一度招收初中生，并曾附设师范讲习所。

A19 * 私立世德小学部分校舍鸟瞰

A20 * 林庄高等小学堂遗存的部分教室

A21

A22

A21 重庆私立孤儿院

● 辛亥革命后，国内战争连年不断，给人民带来深重苦难，重庆地区有不少孤儿流浪街头，许多贫家子弟不能上学读书。著名慈善家刘子如原系孤儿出身，见此情景异常同情，他以自己亲身体会，认为孤儿中无不可造就之材，如不加强教养，有用之才又何以能发现呢？于是他决定在重庆创建一所教养兼施的孤儿院。

● 1914年2月，刘子如宴请中西德育社、中西英年会、基督教美以美会、内地会、公谊会、美道会、重庆总商会等的负责人共商善举，当即得到各团体赞助，并决定孤儿院以教养孤贫之男女儿童，使之能自谋生活为宗旨。刘子如兼任副院长，将自己在渝中区临江门外的胜家缝纫女校捐作孤儿院院所，招收男女孤儿40名，并自认每年负担25名孤儿的全部费用。这就是重庆地区的第一所教养兼施的孤儿院——重庆孤儿院，1927年重庆建市后更名为重庆市私立孤儿院。该院后又购得大溪沟田业一股作为新建院所之地。新院所建成后，该院遂迁移至大溪沟。1920年，刘子如从上海美亨洋行购回乐器，院内设军乐队。次年，刘子如又捐金修建孤儿院大礼堂和工业室，并购置礼堂内陈设的楠木桌椅及乐队服装等贵重之物。该院董事及前后主要任职人员均为当时社会声望较高的名士。到1934年，院生已发展到395人，院舍从几间屋子发展到大小房屋120余间，院区面积已达4094平方丈（1平方丈≈均11.11平方米）。

● 为给院生成人后谋取生活出路，院生除在院内必须学会一门技艺方能离院外，该院还开设草帽、缝纫、砖瓦等公司，给大批孤儿开辟就业场所。这所孤儿院培育孤贫院生数以千计，培养了不少有用之才。

A22 晋冀鲁豫军区干部子弟学校学生宿舍

● 上清寺中山四路11号曾是原晋冀鲁豫军区干部子弟学校学生宿舍，建于1953年。两座主体建筑和四周的连续券廊围合成一个对称的庭院。院内四个塔楼分列左右，建筑色彩明快，形体端庄挺拔。该建筑是苏联专家以斯大林时期的苏维埃建筑理论，即“应当吸取人类建筑史上一切不朽的精华，古希腊、古罗马、古俄罗斯、古东方的，应当给这些经受住漫长时间考验的艺术形式注入新的社会主义内容”为指导思想，并以白俄罗斯古典贵族学校样式为蓝本，再结合中国建筑的某些细部装饰设计而成，有早期修道院的布局特征，曾是重庆很有特色的校舍建筑。

A21 * 大溪沟重庆私立孤儿院图书馆
A22 * 晋冀鲁豫军区干部子弟学校学生宿舍鸟瞰

←A1＊重庆大学工学院塔楼

↓A1＊重庆大学建校初期的老图书馆

←A9＊重庆第二机械学校教学楼及楼体后面围合的山体景观
↑A12＊山城中学东立面及主入口

A17＊广益中学运动场上的『民主廊』检阅台

↑A17＊广益中学校舍建筑

↓A21＊大溪沟张家花园孤儿院全貌

*南山空军坟全景

B 纪念建筑

Memorial Building

B1

B2

B1

抗战胜利记功碑

● 1941年12月，为了动员全民抗日救国，显示抗战到底的意志和决心，重庆市中心督邮街十字广场建起了一座形似碉楼的碑形建筑，称为全民抗战的“精神堡垒”。该碑体系四方形木结构，通高七丈七（1丈≈3.3333米），用以象征“七七”抗战。碑体外涂黑色，以躲避敌机轰炸。

● 抗日战争胜利后，重庆市决定在精神堡垒旧址建一座宏伟的“抗战胜利记功碑”，纪念抗日战争的伟大胜利。此碑由重庆市计划委员会负责设计，天府营造厂承建。1947年8月，一座高27.5米，八角形柱体盔顶钢筋混凝土结构的塔楼建成。塔楼分基座、塔身、顶层三段式构图，用圆柱和壁柱增强塔体的挺拔感和力度感。塔身上部有表现抗日战争内容的浮雕，并设有四面标准时钟，碑顶置有警钟、探照灯、风向标和方位仪。1949年11月30日重庆解放，抗战胜利记功碑经过改建，由西南军政委员会主席刘伯承题字“人民解放纪念碑”，即现在的“解放碑”。解放碑地区现在继续作为重庆主城的中心，解放碑本身也成为城市的标志性建筑。

B2

空军坟

● 重庆有一处国内最大的抗日空军阵亡将士墓地，是国民政府为安葬、祭奠中美抗日空军阵亡将士而修建的，主要安葬有武汉保卫战、长沙保卫战、璧山空战中牺牲的中美飞行员。公墓建于1938年，占地30余亩，坐落在市郊南山镇石牛村海广公路左侧山坡上，由一坡笔直的石梯直通墓地，道旁列植苍松翠柏。墓园依山修建了五层台地，第一层是万年青、蔷薇、杉树、笔柏组成的园林；第二层正中是公祭堂、停尸房和管理人员住房；第三、四、五层即是安葬阵亡将士的墓地，240多座坟茔在台地上整齐排列。第五层台地后部为一堵中间高两头低的夯土挡墙，把后面山体与墓地隔开。此墓园背倚南山，远眺长江，四周古木参天，举目展望，天地宽远辽阔，气势雄伟壮丽。墓地下方的海广公路一头连着当时的广阳坝军用飞机场，一头连着南山专设的空军医院。

B1 * 抗战胜利记功碑，即现在的人民解放纪念碑

B2 * 南山空军坟全景

B4

B5

B3

林森墓园

● 1943年5月12日，国民政府主席林森入城参加国事活动，乘车在山洞转弯处与美军卡车相撞，头部受伤后辞世。林森墓园基址由蒋介石亲自选定在林园石岗子前端，1943年奠基，1944年建成。设计者为基泰工程司杨廷宝，施工建造由馥记营造厂负责。原设计墓园由广场、牌坊、墓道、陵门、碑亭、祭堂、墓室等组成，整体布局和建筑造型沿用我国清末民初传统大型墓葬形制的处理手法。后终因战争时期经济十分困难，致使最初的设计未能全部实现，仅建造了墓塘。该墓园占地1000余平方米，墓室为钢筋混凝土结构，外砌条石，墓顶覆土种植草皮，墓前立墓碑和祭台，并设一对铜鼎；墓道分三级台地由石梯相连，台阶中间的御路石分别雕以云纹及宋锦图案。林森墓地势高耸，山石起伏，配以满目的苍松翠柏，极显庄严肃穆。

B4

李远蓉墓

● “三·三一”殉难志士李远蓉墓坐落于南温泉老街南泉路。1927年3月31日，重庆各界反对英帝炮击南京的市民大会在通远门附近的打枪坝隆重召开，有各界民众4万多人参加，但遭到地方军阀势力及其收买的暴徒残酷镇压。李远蓉就是当时参加大会的殉难学生之一，她牺牲之后，家人将其遗体安葬在南温泉老街巷道的半山坡上，圆形墓碑上用篆体阴刻“李忠杰远蓉战难纪念碑”。该墓背倚高山，面对花溪水，由墓庐、墓碑和半通透式石墙组成。其构成和外形都与传统的墓葬形式大不相同，外来形式影响的痕迹明显，有很强烈的近代风格。

B5

刘伯高墓

● 刘伯高是20世纪初双碑地区商贾大户，是对辛亥革命有功的乡绅，59岁去世，其墓志铭由中国近代民主革命家、辛亥革命先驱杨沧白撰写。

● 刘伯高墓立于1932年，位于沙坪坝双碑堆金村的一座山坡上，紧邻嘉陵厂车间围墙，当地居民习惯称之刘家坟。墓地坐西朝东，背山面水，前方绵延流淌的江水恰好在墓前呈弧形环绕墓地而过。此墓的规模在市区内算是相当大的了，与更早时期的相比，虽然传承了旧的规制，但许多细节已有了一些近代的气息。墓地分高低两级平台，前有栏杆，左右有护墙，据说下面台地曾立有石望柱。墓的正立面呈官帽形，造型舒展，雕刻精巧细腻。

B3 * 山洞林森墓园正立面
B4 * 南温泉李远蓉墓近景
B5 * 双碑刘伯高之墓

*凤凰台街道的西南工人日报社大楼

C 文化建筑

Culture Building

C1

C2

C1

重庆罗斯福图书馆

● 1945年4月12日，世界反法西斯统一战线巨头之一的罗斯福总统因脑溢血去世。为纪念这位反法西斯英雄，国民政府决定筹建罗斯福图书馆。当时南京、上海、西安、武汉都在和重庆竞争建馆的项目。由于作为战时陪都为抗日战争作出了巨大牺牲和贡献，并且罗斯福生前曾打算携夫人来渝访问，最终重庆胜出。罗斯福图书馆宗旨是“努力征集关于国际公法与国际关系、国际组织及世界和平方案之图书，以发扬世界正义和平”，该图书馆也因此被指定为联合国资料寄存馆之一。作为我国保存联合国资料最早的图书馆，罗斯福图书馆也曾称为中央图书馆重庆分馆。出于战争原因，罗斯福图书馆并未来得及挂牌，1950年就改为西南人民图书馆。1955年原西南人民图书馆、原重庆市立通俗图书馆、原北碚图书馆三馆合并，组成新的重庆市图书馆。

● 罗斯福图书馆平面呈“凸”字形，建筑立面运用多层次的水平线脚作为装饰，横向线条使建筑显得宽阔、舒展，立面上整齐而精细的装饰和建筑细部严谨的处理，又使图书馆显得精致而端庄。

C2

江北图书馆

● 江北城上横街公园内的江北图书馆修建于20世纪30年代，该建筑原为公园街公馆，抗日战争时期是第九区区公所驻地。建筑平面呈“凸”字形，左右对称布局，各有一尖顶山墙向上凸起，整体造型和色彩明快，小巧灵动，呈现出欧洲文艺复兴时期的建筑特色。

C1 * 重庆罗斯福图书馆入口

C2 * 江北图书馆楼房

C3

C4

C3

重庆博物馆

● 重庆博物馆位于渝中半岛中部的枇杷山上，前身为西南博物院，1951年筹建。1955年该馆更名为重庆博物馆。重庆博物馆老楼建于1951年，原为中共重庆市委枇杷山办公楼，由著名建筑史学家陈明达设计。博物馆陈列面积约3000平方米，馆藏文物约10万多件。

● 博物馆大楼建在民国时期四川省主席王陵基的“王园”办公建筑的基址上，平面呈“T”形，展厅二层，塔楼三层，面朝长江，背倚公园。其正面居高临下，视野开阔，后面树木参天，环境清净优雅。重庆博物馆被称为重庆解放初期建造的“六大建筑”之一。与此同一批建造的还有博物馆下方的重庆图书馆历史部书库。

C4

西南工人日报社旧址

● 南纪门凤凰台的这幢大楼曾为1950年2月7日创刊的《西南工人日报》社址所在地。该楼是在民国时期建造，最初为民族企业家“火柴大王”刘鸿生所有，为其创办的中国火柴原料厂所用。《西南工人日报》是中共中央西南局和全国总工会西南办事处所办，报头为毛泽东所题写，后改为《四川工人日报》，报社迁往成都。1960始，该楼成为重庆市档案馆馆址，现为重庆金属有限材料股份公司办公楼。

● 大楼系民国时期的建筑风格，整体厚重而大方。楼高三层，砖木结构，临街面清水青砖墙面，由立柱与横线作为装饰，外墙显得简洁而清丽。

● 西南工人日报礼堂设于报社大楼的顶层，礼堂的装饰风格是当时比较流行的新式礼堂舞台的造型，有些特别的是，整个礼堂的中间顶部被处理成穹顶状，高朗的礼堂空间有一种庄严、神圣而又活跃的视觉氛围。这种弧线形，大跨度的装饰风格对于当时的技术体系来说，难度应该是比较大的。新中国成立初期，在这个礼堂召开过许多重要的会议，并经常举办文化艺术界的各种联欢会和文艺演出，贺龙同志也曾经在这个礼堂对重庆新闻战线的代表作过重要讲话。

C3 * 枇杷山重庆博物馆老楼

C4 * 凤凰台街道的西南工人日报社大楼

C5

C6

C7

C5 民国时期重庆市政府档案库房

● 渝中区中山一路110－3号在民国时期是重庆市政府的档案库房，该建筑为砖木结构的联排式楼房，沿山坡分多级台地而建。房屋分四个单元层层迭落，形成错层式建筑形态。底层架空，楼面为木地板，有较好的防潮功能。该建筑曾作为区级机关办公楼，而后又成为居民住房。

C6 江北文化会堂

● 江北城上横街江北公园后侧的崖壁台地之上，有一座老式简易礼堂，即文化会堂，它是早期本地民众集会活动场所，常举行各种纪念活动、演讲、文艺演出和文化游乐活动。文化会堂入口门廊简洁美观，装饰性的圆弧线脚与平直的线条形成对比，具有外来建筑的风貌特征和时代特色。1950年后，文化会堂由江北区文化馆管理使用。

C7 抗建堂

● 抗日战争期间，重庆成为大后方戏剧文化的中心，一大批知名老作家、名导演、名演员云集重庆，话剧运动在重庆掀起空前高潮。1940年4月政治部第三厅厅长郭沫若兼任中国电影制片厂所属的中国万岁剧团团长后，决定在渝新建一处话剧剧场，以解决当时重庆戏剧界名家荟萃而剧场奇缺的困难。剧场选址观音岩纯阳洞，由基泰工程司设计，金记营造厂建造，名导演史东山的夫人华旦妮负责修建工程。该剧场取“抗战建国”口号，命名为“抗建堂”，建成后成为陪都最新型大剧场，为上演进步话剧和文艺界集会活动作出过重要贡献。从1941年4月至1945年在抗建堂共上演了36出大型话剧，1949年后更名为红旗剧场。

C5＊民国时期重庆市政府档案库房
C6＊江北文化会堂的大门
C7＊观音岩抗建堂剧场一景

C8

C9

C8 中央电影摄影场

八角巷地处南岸玄坛庙南侧的磨刀岭，此处建筑群原为1920年创立的强华轮船公司办公处、车间、仓库。1937年12月，中央电影摄影场从武汉迁来玄坛庙八角巷并租借强华轮船公司厂房用作摄影基地。当时的一些著名电影演员曾居住在旁边的黄家巷。抗日战争时期中央电影摄影场在玄坛庙摄制了多部在当时有影响的电影。

C9 重庆电力厂职工交谊厅

1934年，重庆电力厂新厂在市区大溪沟建成，名为重庆电力股份有限公司。该公司在国府路（今人民路56号）辟出一块场地作为公司职工休闲娱乐的活动场所，修建了职工交谊厅和交谊厅后面台地上的花园。职工交谊厅位于三岔路口旁，其南面是大马路，东面是一条通往上曾家岩的小路。该建筑东面端头即三叉路口处为圆弧形，外观简洁大方，较好地解决了与路口之间的呼应关系和对景关系。新中国成立后，该建筑被改建为电厂医务室，以及电厂子弟校教师住宅。

C8＊玄坛庙黄家巷中央电影摄影场旧址

C9＊大溪沟重庆电力厂职工交谊厅

C10

C11

C10 生生花园

生生花园位于渝中区牛角沱江边，是原四川省立教育学院首任院长高显鉴于1937年创办的高档私人会所。生生花园楼房建在嘉陵江边一块巨石之上，形体规整稳重又富于变化，平面呈“Z”形，地上二层，地下一层。地下层称为洞，洞内临江一面有五孔连拱柱廊，是欣赏江景、休闲避暑的极佳场所。生生花园内部有大小三个礼堂，并设有各种活动室和餐厅，其娱乐餐饮设施的规模在当时堪称全市一流，里面曾举办过各种舞会、婚礼、演讲、展览等大型文化娱乐活动。生生花园房屋后为川江电机厂等企业接管使用。

C11 国际联欢社

1940年馥记营造厂总经理陶桂林集资购买了李子坝嘉陵江边至鹅岭山顶以下的荒坡，根据地形辟出一条盘山公路，上通佛图关，下接成渝公路，沿公路两侧修建了一批高级住宅，为转移到重庆的军政要员提供避暑之用，整个片区冠名为嘉陵新村。其中包括开设嘉陵新村半山顶上的国际联欢社，专供在重庆的各国使馆人员进行娱乐社交活动。该建筑由著名建筑师杨廷宝设计，采用砖、石、木混合结构，除南楼为二层，其余均为三层，平面呈“L”形，两侧翼通过中间拐角处的八角形的塔楼连接，形体简洁、紧凑，与临江山地地形结合巧妙，与环境比例协调，是李子坝公路上方的一处重要建筑景观。该建筑后为西南铁路工会筹备处使用。

C10 * 牛角沱生生花园近景

C11 * 嘉陵新村国际联欢社外景

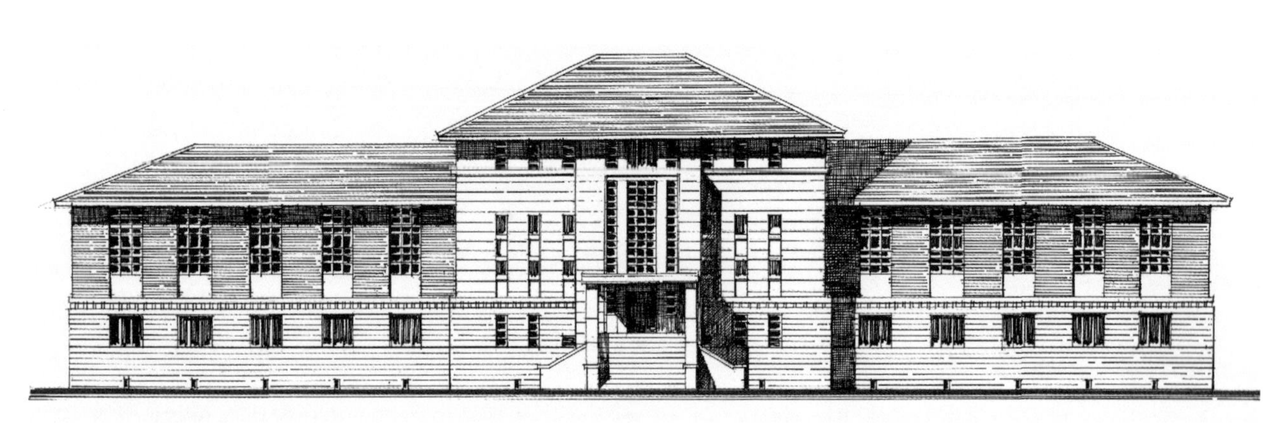

↑C1＊重庆图书馆枇杷山馆区历史部入口。

↓C1＊重庆罗斯福图书馆正立面

C3＊枇杷山重庆博物馆

C4★西南工人日报社顶楼的大礼堂

C10★牛角沱江边岩石上生生花园楼房

城市园林

公共园林 Public Garden + 私家园林 Private Garden

URBAN LANDSCAPE ARCHITECTURE

● 重庆地区连绵起伏的高山丘陵、山地平坝是城乡的依托和天然的屏障，气势磅礴的山川河流又是独特的自然景观资源，具有极高的美学价值。绕城而过的两江既分割城市又将城市连接成一个有机整体，城中有江，江中有城，城区沿江向纵深发展，显出丰富的城市空间层次，具有其他平原城市难以比拟的景观特色。重庆的山山水水，自古以来就被人们所崇尚和利用，成为山地园林景观——山水园的空间载体。经过前人的发现、开掘、利用，重庆的山水形成了许多地域特色明显的自然山水园的景观构成体系，与人们熟知的北方园林、江南园林、岭南园林以模仿自然为情趣的象征山水园比较，重庆的山水天然色彩很重，人工雕琢极少，范围规模较大，以其独特奇异的自然风貌特色『显真山，露活水』，是迄今仍未被人们充分认识的一种园林体系。

● 清代和民国时期，重庆的私家园林较多，公共园林很少，直到1926年才开始陆续修建了中央公园和江北公园。陪都时期，重庆市政府曾批准在蒋介石等党国要人进出南岸黄山必经之地的黄桷垭新市场地区，兴建一个人工园林和景观大道，作为对外的形象工程、对内的民众游览园地。1942年造园设计完成，并呈送市政府，但终因战时紧张的局势，使这一计划不了了之。重庆园林的特点是造园比较简单，形式不太讲究，主要是通过选择适当的位置，用借景的方式来获得景观资源。其手法多采用借山景，借江景，借自然地貌所产生的石景等。其中有几处园林借天然石景非常成功，如歌乐山林园、江津德感镇栖清园林和白沙镇聚奎园林等。但更多的是借江景，借江景的私家园林多为近代的别墅公馆。这些建筑打破了传统的高墙深院的封闭格局，临江而建，筑台而居，变内聚式为外延式，降低围墙高度，注重和扩大外观视野，追求天然之美，揽得山水之趣，从广阔的环境中显现园林的真谛。

*林园核心部分“小树林”鸟瞰

（自左至右：小洞天溶洞，美龄舞厅，毛泽东、蒋介石会面的石桌石凳，连体水榭，林森墓园）

A 公共园林 Public Garden

A1

A2

A1

中央公园

● 中央公园基址原为上下半城之间的荒地，名后伺坡。在后伺坡修建中央公园为当时重庆设市筹备工作的主要项目之一，于1926年10月动工，至1929年重庆市正式成立时建成。中央公园是重庆最早的公园，整个公园面积有4万平方米，依山形坡地的变化和道路的走向，保留原自然地形和风貌，创造多层台地空间，错落设置园林设施。所需假山、泥土、草皮均由人工从市郊运来，园内种植一些花木，并仿照苏杭园林设置了各式亭台楼阁，池石花木。该园入口有两个，一个在坡上新华路口，一个在坡下白象街侧。由于公园连接了上半城和下半城，很多人就把公园当成了一个通道，除上下往来方便之外，鸟语花香之中心情也很舒畅。除了园林设施，公园还为市民开辟了网球场、阅览室和小草坪。所修建的亭台楼阁都有很雅的名称，如“葛岭”“金碧山堂”“巴岩延秀”等，但在材料和构造上大都简陋粗糙。

● 抗日战争时期公园内的部分房屋曾为国民政府外交部总务司使用。1950年，中央公园改名为人民公园，政府对公园进行了整修改造，保留了部分原有建筑与园林设施。

A2

林园

● 位于重庆西郊歌乐山双河街的林园，后倚青山，前临成渝公路，四周溪水环绕，山石俊秀，林木葱茏。和重庆的许多山地园林一样，林园是以变化丰富、形态各异，散布在园中各处的奇异巨石而自然生成的山水园。林园内的巨石形态夸张，气韵生动，断面肌理均斜着朝一个方向，有露有藏，大小不一，成组成行，犹如波浪般排山倒海。如果说聚奎园的巨石有端庄静态的特点，那么林园的巨石就有一种奔放的动态的美感。1938年11月，蒋介石选定此处修建官邸，官邸落成之日，国民政府主席林森偕要员前来道贺，雅好山水的林森对此处奇异的山石和秀美的风光赞不绝口，蒋介石便将此园送给林森居住，此后人们便称之为“林园”。林园内园林景观的核心部分是在北面美龄舞厅至南面林森墓之间被称为石岗子的狭长地带上，这里古木参天，藤蔓缠绕，山石峥嵘，环境优雅。林园的人文景观有美龄舞厅，林森墓园，毛泽东、蒋介石会面的石桌石凳，连体水榭等。自然景观有天然塌陷的“小洞天”溶洞，该洞长约50米，洞内幽深曲折，一洞口在美龄舞厅附近，另一洞口在二号楼前方。溶洞内石乳高悬，怪石嶙峋，敲击石壁，悦耳的琴弦之声久久回响。林园的人文与自然景观交相辉映，是重庆极佳的休闲游览去处。

A1 * 中央公园内的悠然亭

A2 * 林园核心部分“小树林”鸟瞰

（自左至右：小洞天溶洞，美龄舞厅，毛泽东、蒋介石会面的石桌石凳，连体水榭，林森墓园）

A3

A4

A3

江北公园

● 江北公园位于江北区旧城上横街中段东侧，始建于1927年，1929年建成开放，面积31700平方米。

● 1927年江北市政办事处公园筹备委员会成立，拟将江北城文庙后荒坡辟为公园。江北县建设局局长唐建章任主任委员兼设计，将文庙、悯恻堂、济仓、前厅署、江北中学等公地，及收买的20余间民房地产一并划入公园修建范围。公园建设经费除先后筹得12万余元，由市政府补助1万余元外，大半由江北县公产变卖而来。

● 江北公园为20世纪30年代重庆市最大公共园林，远近闻名。园内有亭台楼阁、水池假山、花草修竹、林木藤蔓，还建有当时少见的妇孺运动场、网球场、篮球场、动物园等。

● 当初筹建时，有一条自下而上的撑花街把公园从中剖开，既破坏了园林的整体感，也影响人们的游览。后经商议，决定于撑花街道路的下方凿一高3.4米、跨径3米、进深4.8米的隧道，以连接公园的前后两部分，撑花街道路则以砖墙封闭穿过园区。这样，街道和公园一闹一静，互不干扰，而且下沉式的通道前萦修竹，后带山石花草，两头道路曲折盘绕，有一种空蒙幽静的意趣，从而形成了一道很特殊的景观。游人漫步到隔墙边多以为公园范围到此为止，未想钻过隧洞，眼前忽见一片“云影波光尽不同”的另一番景色，大有“疑无路，又一村”的惊喜感受。

A4

南温泉公园

● 重庆南泉镇因境内温泉而得名。南泉南面群山绵延，以建文山最高；北有打鼓坪山，与建文峰隔溪相望；两山间有花溪河流过，溪水易涨易落，形成多级壮观瀑布。群山多为坚硬的石灰岩构成，多天然溶洞、悬崖深渊，风景壮丽而秀美。南温泉公园建于1927年，位于现南温泉风景名胜区内，由山、水、林、瀑、洞、泉和名人古迹等景观构成绮丽景色。南泉积淀了丰富的历史遗迹与人文资源，抗日战争期间，国民政府迁渝，划南泉为迁建区，随即国民党部分军政机关迁来南泉，因而陪都时期是南泉历史上最兴盛的时期。

A3 * 江北公园大门

A4 * 南温泉公园部分景观

A5 * 聚奎园主要景区鸟瞰图（中上为鹤年堂，右上为川祖庙，川祖庙下方为石柱洋楼，石柱洋楼下方合院式建筑为早期聚奎书院的讲学厅，右侧房屋为藏书楼）

A5

A5

聚奎书院园林

● 聚奎书院位于重庆江津白沙镇黑石山，是一个天然形成的巨石园林。该园林主要以山体、巨石、植被等作为园中景观的基本元素，甚少人工造作和修饰的痕迹。

● 黑石山自明代就建有川祖庙和宝丰寺，至聚奎书院设立后的30多年间，其建筑和园景均是传统的乡土园林的格局。1905年聚奎书院改为聚奎学堂，由留日归来的邓鹤丹协助掌管堂务，邓鹤丹出面四方延请，先后有多位曾在日本学习的归国学者怀着救世激情相继应聘来到聚奎学堂任教。这使得聚奎学堂开办伊始，新式教育的内容和形式都有别于旧式书院。

● 留日学人的介入，不仅使教学模式有所改变，而且他们作为外来文化的探寻者、传播者，在某种程度上也参与了校园的建设，把外来的一些置景造园的手法带进了聚奎园林。如1910年开建的石柱洋楼，以及稍后建造的鹤年堂、七七纪念堂等从结构到样式均为典型的仿日式民间建筑，其粉墙、板壁、青瓦的格调朴素宜人。这些建筑与黑石山的自然景观相结合，产生了一种新的视觉效应，使园林在保持原有中式传统风味的基础上，更增添了一种日式园林特有的暧昧之中略带涩味的神韵。

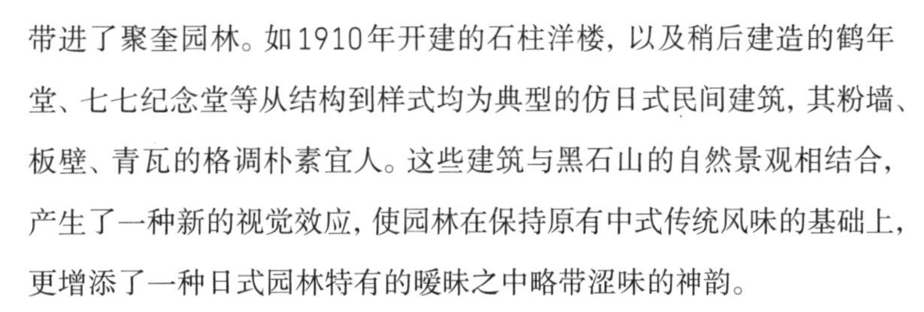

● 如果了解一下日本园林的审美趣味，就会发现日式园林受禅宗思想的影响，很强调石景的运用，多以景石象征岛屿，矶石、岛石、岩石皆以表现岛屿景观而设，并且景石以伏石为主、以浑圆为上。黑石山磐石的品质和特征恰好与景石完全相同，很符合日本园林的审美要求，只是体量更巨大。

● 日本园林多以枯山水的形式来表达景致，即园林内不用水，只在天然块石的地面上铺设白砂，砂上耙出水波纹的图案，通过块石的排列组合、白砂的铺衬，形成山峰、岛屿、涧谷、溪流、湖海等多种山水意境。聚奎园林主景区的核心部位全是陆地，虽不同日本园林那样真正铺设白砂，但草木的处理已融入了“枯山水”的韵味。

● 黑石山南面边坡上还有一处水景——九曲池，池周巨石盘错，本是中式传统风味浓郁、水池面积较大的景点，却被围墙相隔挤出了书院，成为外园的一个景区，供外来者游赏。九曲池上虽然亭台、拱桥等景观设施齐全，与内园中的“石景”相比，却不是主人经营的重点。

● 造园者的留洋背景使其思想活跃，善于创新，除重点营造日本园林的气氛外，也把欧洲，尤其是意大利古典园林的某些造园手法也用了进来，体现在园林某些部位布局的方式和题材的选择上。

● 聚奎园中从清代到民国时期的石刻、碑碣、题咏、楹联、匾额等重要人文景观比比皆是，文化积累极为丰富。有文人雅士面对佳景歌咏风月、追怀往事的触景写情，也有社会贤达忧国忧民勉励勤奋的慷慨陈辞。它们一部分被镌刻在石碑上，更多的则是镌刻在山中形态各异的磐石上，陈独秀、冯玉祥、于佑任、郭沫若、周光召等众多名人的题刻也汇集于这自然美景之中。

A6

A7

A8

A6 栖清书院园林

栖清书院最早创建于明代，是江津的四大书院之一，位于江津城北约12公里的双龙场圣泉寺内。圣泉寺背靠青山，座西朝东，与县城隔江相望。书院后侧山间有一清泉长流，终年不绝，传说圣泉灵水可以保佑学生学业有成。翡翠如屏的峭壁之下即为书院园区。院内黄桷树、青杠树、楠木、香樟等古树遮天蔽日；园中巨石满布，形状迥异，突兀而散乱，有着粗犷的野趣，其中有十墩块各具特别的形态，十分有特色，得名为观音石、望江台、梭滩石、菩萨石、卧佛石等；园内石岩上遍布各种古今名人题刻。书院的几间简朴建筑就坐落其间，虽残破，但仍蕴含着古朴的风韵。江津人，明代文渊阁大学士、工部尚书江渊曾在此求学，时常到密林深处的望江石台上独自学习、思考。他从书院直接进京赴考，一举金榜题名，功成名就后，十分感念书院的培养，曾捐资维修书院和寺庙。据说书院内两堵残存的拉弓式山墙就是江渊捐建房屋的遗迹。

A7 南川海鹤书院园林

南川海鹤书院前身尹子祠建于1879年，是知县黄际飞、举人徐大昌为纪念东汉学者尹珍来此设馆讲学所建，为南川古文化发祥地。1901年海鹤书院在尹子祠园内办学，对园林馆舍有所扩建。海鹤书院园林有左右角门通往堂后山石嶙峋的小山丘，丘上有六角亭，三层飞檐，凌空孤耸。逾山沿阶而下，有草亭建于临江小台上，可垂钓观澜，左右为横楼三间，远近茂林修竹，溪水与步道弯环折转，半岛顶端处的舫斋在绿荫掩映下徐徐展现在眼前，很有曲径通幽之妙趣。

岁月更替，世事变迁，如今的海鹤书院为南川中医院所在地，受城市发展的影响，环境改变较大，几处遗存的房屋显得孤立、陈旧，但绕园而过的河水仍经年流淌，斑驳的墙体，残旧的房舍仍散发出浓郁的文化气息。

A8 基督教青年会托儿所

中华基督教青年会是近代中国基督教界主办的青年活动和社会服务团体，首任总干事为美国人巴乐满（1867—1944），副总干事是中国的王正延。1922年基督教青年会租赁渝中半岛大梁子万寿宫石阳馆组建临时会所，抗日战争时期，在弹子石复生湾奶牛场旁创办托儿所。该托儿所有别墅式主楼一幢，另有辅助用房若干。其建筑的主要特点是在倾斜的江边山顶坡地上大量填方垒起一个形状不规则的台地作基础，堡坎用条石垒砌。正对朝天门方向堡坎高约9米，远看好似一艘巨轮驶来。堡坎上面植有草坪及树木花草，形成一个很有情趣的观景平台，能观看繁忙的江面景色和远眺朝天门城市风光。新中国成立后，基督教青年会托儿所改名为弹子石幼儿园。

A6＊江津栖清书院园林全景
A7＊南川海鹤书院
A8＊弹子石基督教青年会托儿所全景

A1 * 中央公园一景

A3 * 中央公园老式围墙及通往下半城的道路

A3 * 江北公园下穿通道

A5 * 白沙聚奎园中的鹤年堂

A5 * 聚奎园鹤年堂内的『罗马歌剧院』式舞台

A5 * 聚奎园中的石柱洋楼

*礼园绳桥景观

B

私家园林

Private Garden

B1

B2

B1 鹅岭礼园

● 礼园旧名宜园，位于鹅岭山巅之上，占地2万平方米，由重庆首届商会会长李耀庭父子修建于清末宣统年间。礼园地势较高，可览两江之胜。园林布局仿苏州园林风格，但更多的是依山形地貌的自然变化，因地制宜、恰到好处地设置园林景点，精美的亭台楼阁散置于园中。园林中部低凹处的采石场筑池蓄水成湖，命名“榕湖”。主要建筑宜春楼以歇山环廊“一”字式的结构建在平坦的中心地带。主楼东面最高处为松岵岭，岭上建冠鹅亭。西面地势逶迤，建有绿天仙馆和涵秋馆。西北岩壁上，建有松梢亭、角山亭和飞阁；西南有方壶榭；南面有璇碧轩，水池中建仙峤亭。北面崖壁之下隐藏有一精美石室即桐轩，桐轩为二室一厅左右对称的全石造建筑，造型精巧别致，石室中有清末民初各种题材的纹饰雕刻。

● 颇有名气的一处砖木结构建筑名为飞阁，琉璃屋面，碧瓦朱檐，平面似苍鹰展翅，结构和外形有北方殿宇建筑的特点，抗日战争初期蒋介石夫妇曾在此居住过。

● 榕湖湖面上有造型奇特的绳桥，桥身屈曲，呈“∽”形，桥面似波浪，桥栏圆柱形，刻纹似绳，桥券拱两孔为不等距，呈扭曲状，拱顶倒嵌一钟乳石。绳桥因其独特的造型和精巧的工艺而被誉为“稀世之桥”。

B2 盘溪石家花园

● 盘溪石家花园建于1930年，是江北早期规模较大的私家花园之一，主人石荣廷曾任重庆山货同业会会长，他酷爱园林中仿自然和仿古的洞窟、石屋等隐蔽空间。石家花园坐落在一小山顶部垒起的台地上，建有主楼及附属建筑若干。主楼正前方有一仿自然形态的石屋，由大量钟乳石架空垒砌而成。主楼左侧临江观景平台下方有一座全石质结构的石屋。这两处再加上附近的下九村石屋，石家共建了类型不同的三处石屋。

● 主楼正前方石屋，中间一小厅，左右各一小室，室中有圆窗，洞顶悬有钟乳石。屋前有一花坛，之上垒砌一组层层叠叠的假山，视线上正好挡住了石屋的入口，增加了园林景观的神秘感和趣味性。

● 主楼左侧平台下的石屋有三开间，建筑风格中西合璧，拱券式天顶，以透雕纹饰作为窗花雕饰。正厅的隔墙后有秘密通道连接主人居住的大楼，整个石屋有一种神秘幽深的氛围。其中最引人注目的是正厅拱形门楣上一处雕工精美的六边形五福捧寿浮雕，该浮雕由五只高浮雕蝙蝠组合而成，其寓意对整幢建筑有画龙点睛之妙。从石室和所在的台地远眺嘉陵江，视野开阔，颇有意境。

B1 * 鹅岭礼园绳桥景观
B2 * 盘溪石家花园地下石屋鸟瞰

B3

B4

B3

于庄

● 南岸黄桷垭铁路疗养院中的于庄别墅，是国民党元老于佑任先生抗日战争时期在重庆的公馆。这幢建筑地下一层，地上二层，悬山重檐屋顶，砖木结构。正面和右侧有柱廊，局部装饰为中式图案。这幢房屋最有特点的是南面台地式花园的造型。台地高约5米，青石垒砌，外立面模仿古典城门城墙，左右各设一个角楼，这种坚固、雄壮的外形，与内部幽静雅致的意趣交织在一起，庄严肃穆中透出一种灵秀的感觉。房屋右侧是悬崖，可极目远望江天水色，房前屋后均植有花草树木，紫荆花、茶花、黄桷树、万年青等依次排列，园中还有于佑任先生亲手种植的两株桂花树。

B4

化龙桥李仙洲公馆

● 李仙洲公馆大院坐落在渝中半岛化龙桥华村的嘉陵江边，院内有大小洋房八幢，分布在高低不一的台地之上。每幢洋房前面都有一片花园，整个院落静谧清爽、绿树成荫。这个大院由高墙围合，而在临江一面筑石砌矮墙，能观嘉陵江中美景，是一座借景效果非常好的园林式花园别墅小区。新中国成立后该公馆先作为苏联援华专家招待所及西南干部疗养院，后由重庆市市长任白戈将其划拨给四川省美术家协会用作办公和画家创作基地。

B3 * 黄桷垭于佑任别墅 —— 于庄

B4 * 华村李仙洲公馆全景

B5

B6

B5

余家花园

● 九龙坡华岩镇的余家花园建于20世纪40年代。园中房屋数幢分散各处，其中西北角的中西合璧式洋房为主人居住。此房系假三层，砖柱、土墙、木结构，栏杆的透雕图案为砖砌灰塑，每一开间的栏杆造型都有区别。屋面原本是中式歇山顶，但在屋脊的两端又做成德式建筑常见的“有斜脊的屋顶”，但这种屋顶形式因变化过多而削弱了其整体感。

● 余家花园范围较大，地形南高北低。园林中树木茂密浓荫，景观朴素雅致。其主要特点是在斜坡上筑一堤坝，修建半椭圆形水塘，塘中养鱼、种植莲花以供观赏，四周环绕观赏植物。左侧花园由青石垒砌成不规则形体花坛，另有观景亭和凉亭分设园中。荷塘堤坝下方筑石屋，为主人夏天避暑之所。

B6

豫丰纱厂花园

● 沙坪坝土湾原豫丰纱厂厂长办公楼位于工厂大门内一高5米左右的台地之上，办公楼前后各有一个花园。办公楼后面的花园叫外花园，种有各种花草树木，厂内工人在工余时可以在此休息；正面的花园叫内花园，园中除一般花草树木外，还有不少名贵植物，设施也比较齐全，有紫藤架、水池假山、盆景园，观景效果更佳。内花园是厂长和部分高级职员的活动场所，一般工人则不能随便进出。这种较为少见的设于厂区内的精致花园景观，为单调的工作环境增添了一些浪漫色彩。

B5 * 华岩余家花园全景

B6 * 土湾豫丰纱厂厂长办公楼和内花园（上）、外花园（下）

B7

B8

B7

杨家山公馆花园

● 歌乐山的杨家山公馆，建于20世纪30年代末，建筑为一横两纵三幢长条形平房连接而成，作为军统局在乡下的办事处。中美特种技术合作所建立后，合作所总办公室设立于此。

● 戴笠与电影明星蝴蝶在此居住过一段时间，他专门在办公室前面坡地上修建了一个三层平台的大花园。第一层平台中间是一个双层大圆环，圆环中央是一株高大的黄桷树，树的两侧由道路和花草镶嵌出“寿”“喜”两个硕大字形。第二层平台有花草植物组成的矩形和菱形图案，正中是旗杆基座。第三层平台设计得比较有趣味，几条长短不一、相互穿插的流线型堡坎分列其中，使原本冷峻而阴森的环境有了生动活泼、流畅轻松的感觉。这一层平台道路走向的设计也呈现出既满足交通功能的需要，又使路径有高低转折、曲径通幽的变化。此花园虽壮观，但其定位比较含糊。若说是公共园林，代表民间吉祥的“寿”“喜”二字却出现在这种森严的场所；若说是私家花园，却砌筑敦实的基座竖起高大的旗杆，而且花园的规模也显得过于庞大，缺少清雅幽静的趣味。

B8

觉园

● 渝中区李子坝嘉陵新路67号“觉园”曾是嘉陵新村系列高级住宅之一，建于1940年左右，紧贴鹅岭崖壁依山而建，在抗日战争时期作为美国驻华大使官邸。觉园由三层台地组成，第一层台地的架空层为停放汽车和进出公馆的主入口，上面为大花园和观景台，除种有花草树木，还砌有旱地石山；第二层台地为小花园和观景台；第三层台地为房屋的台基，台基架空处为入室梯道。花园右侧石梯的挡墙为条石垒砌呈阶梯状，宽1米；右侧墙边有从鹅岭山上流淌下来的泉水所形成的小瀑布。正面台地和室内靠外侧窗户都有很开阔的视野，可以俯瞰嘉陵江美景。整个觉园利用台地的高差与外界隔离，形成一个既开敞又自成一体的私家园林。

B7 * 杨家山公馆花园全景

B8 * 李子坝觉园全景

B9

B10

B9 裕华街樊家花园

裕华街樊家花园位于弹子石裕华街小学旁，园区以一栋二层外廊式洋楼及若干附属建筑为主体依山而建，花园在洋房前方呈斜坡状展开，面积480多平方米，西北朝向。园内遍植名木古树、翠竹花草。园中最具特色的是数量众多、形态各异、大小不一的假山石，有的搭成石拱门、有的堆砌出石阵迷宫、人造洞穴等。这些石头据说是园林主人早期从下川东地区原始溶洞中收集得来，雇人肩挑背扛，经水路运至。樊家花园园区在20世纪50年代为弹子石街道办事处使用。

B10 仁济医院别墅区

重庆仁济医院始建于1896年，由英国基督教伦敦布道会医师创办。院址最初在城区木牌坊（今渝中区民族路）。1934年在南岸玄坛庙叶家山修建住院部大楼，随后院本部迁至南岸。新的住院部大楼在码头和老街后面的坡顶上依山而建，大楼的南面不远处是创办和管理医院的传教士住宅区，占地25亩左右。在住宅区的几处土丘上有三幢独立式二层楼房，分别是仁济医院院长、护理总管、总务主任住宅，另有勤杂人员宿舍、球场、食堂、水井和养猪场等设施。住宅区背靠黄经庙山、面对玄坛庙街，院内绿树成荫，环境优雅宁静。

1925年，医院成立的仁济高级护校，培养了大批护理人才，抗日战争期间，作为陪都第五重伤医院承担了大量的医疗救护任务。1949年后，传教士住宅区被改为重庆市高级干部疗养院。1953年仁济医院更名为重庆市第五人民医院。

B9 * 裕华街樊家花园

B10 * 叶家山仁济医院园林式住宅区

B1★鹅岭礼园中依山而建的桐轩石屋

B2★盘溪石家花园主楼前的石屋和屋前的假山

B2★石家另一处地下石屋——下九村石屋

（抗日战争时期徐悲鸿先生曾居住在上面的小楼中，并在敌机轰炸时避入石屋中继续作画）

★万州南门口码头周边住宅建筑群

住宅建筑

民居建筑

Vernacular Dwelling

别墅、公寓、宿舍建筑

Villa & Apartment & Dormitory

RESIDENTIAL ARCHITECTURE

● 重庆山形地貌十分复杂，城市住宅建筑以及人们的日常生活受到了较多的制约和影响。重庆城市住宅建筑大多结合自然地形特点，以城市街道、码头、商贸中心区为核心分为若干片区。渝中区最为集中的片区是南纪门、储奇门、望龙门、东水门、千厮门、临江门等沿江码头及街道。由于街道自然地形零碎、用地条件复杂，房屋多沿陡坡、崖壁修建，因而普通民居大都巧妙地采用『台、挑、吊、拖、坡、错』的处理手法，在坡地上最大限度地争取空间，创造出了城市中高低错落、层层叠叠、层次丰富、灵活多变的建筑和建筑组群，形成了一套独特、完整、成熟的山地建筑体系，具有强烈的地方特色。

● 抗日战争时期，大量人口涌入重庆，房屋的营建和管理成为突出问题。鉴于房荒日趋严重，20世纪40年代初，重庆建立了市民住宅建设委员会，从事民房的建房指导，负责划定建房区域和选择住宅基址等事项，先后在江北、南岸、市区沿山及沿江临时修建了大量的『抗建房』，对缓解房荒起了一定的作用。但出于应急，这些建筑无整体规划，材料简陋，且大多密集地簇拥在临江的码头和山坡上，给人造成凌乱不堪、陈旧破败的感觉。值得一提的是，内迁到重庆的各类工厂、机关、学校，利用自身的资金及技术方面的优势自行修建了很多质量过硬的工作和生活用房。特别是职工住宅，由抗战前的零敲碎打、分散设置，过渡到整体布局、全面规划、统一修建，出现了一批生活设施方便、功能合理、道路通畅、环境较好、较为完整的联排式住宅群和新式住宅区。虽然由于时局关系，穿斗结构、夹壁墙这种简单形式的房屋占多数，但也有相当一部分建筑体现了当时较为先进的设计思想和规划理念。

● 抗日战争期间国民政府党政要人的官邸别墅则多选城区或郊外依山的隐蔽地段修建，有较好的景观环境。其建筑形式因个人的欣赏趣味和生活要求不同，在造型上差别很大。建筑的平面布局多为现代式，外观比较简洁，功能实用，生活方便。建筑材料则采用钢筋混凝土和砖石结构相结合。壁炉虽然在重庆并不实用，但凡政要官邸大都砌有壁炉，这也成为这种建筑的重要特征。

*鲁祖庙街民居建筑群

A 民居建筑 Vernacular Dwelling

A1-1

A1-2

吊脚楼民居

● 重庆的吊脚楼民居是修建在江边坡地、峭壁、悬崖上的普通劳动人民所居住的房屋。这种建筑造价较低，能最大限度利用各种复杂地形，争取居住空间，有占天不占地的特点。有人根据坡度的不同把吊脚楼民居分为陡坡附崖式与中坡分台式两大类。吊脚楼民居的结构大多为木结构或竹木结构，挑出悬空部分的下面多为河道、崖壁，或者是为行人留出的道路等。挑出部分的质量由木柱或竹柱支撑，形成上实下虚的建筑形态，较好地发挥了穿斗结构、捆绑建筑的特点。吊脚楼的上下左右各个楼层悬收自如，阳台凹廊里出外进，屋檐及挑檐相互参差，构成了整体建筑群高低相间、大小呼应、鳞次栉比的丰富建筑景观。但吊脚楼民居主要还是一种对付特殊地形的应急式的建筑，这种建筑并不耐用，时间一长，经日晒雨淋，就会显出变形和残破的迹象，因而近年来在市区现已很难见到传统的吊脚楼了。

A1-3

A1-4

A1-1 * 海棠溪烟雨路吊脚楼
A1-2 * 綦江东溪陡坡附崖式吊脚楼
A1-3 * 江津白沙镇吊脚楼
A1-4 * 江津中山古镇官钱铺中坡分台式吊脚楼

A2-1

A2-2

A2

打铜街民居

渝中半岛小什字打铜街24号住宅楼，楼内有天井以及环绕天井盘旋而上的楼梯，这是重庆民居在20世纪三四十年代楼房内部交通空间构造的典型代表。楼内梯道是竖向交通的枢纽，在楼层之间起到划分空间和衔接过渡的作用。从顶层一直通到底层的天井为室内通风提供了条件，通透的隔墙使里间的楼梯有了良好的采光，产生了内外相互渗透的空间关系。

A2-3

A2-4

A2-1 * 渝中半岛打铜街24号住宅楼内的楼梯间
A2-2 * 渝中半岛七星岗中山一路124号民居楼梯
A2-3 * 渝中半岛解放东路353号住宅楼内景
A2-4 * 渝中半岛解放东路337号住宅楼内的共用空间

A3

A4

A3

鲁祖庙街民居

● 鲁祖庙老街已有百年的历史，得名于1911年始建的鲁祖庙。巷中密布民居建筑群，有城市平民的简易住宅，也曾隐藏有多栋风格迥异、造型精美却又饱受岁月风霜打磨的豪宅大院。这些私宅多为清末和民国时期建造，房屋主人多为私营企业主和商人。富人与平民的房屋在狭小的地界上相互纠缠在一起，没有一点多余的空间，这就是市中心黄金地段人们生存状态的真实写照。

A4

卜凤居

● 渝中区邮政局巷40号“卜凤居”住宅为20世纪30年代一广东籍商人的私宅。该商人主要生产经营冷饮、冰糕等夏季食品。建筑分为住宅、手工作坊，是前后相互独立的两幢楼，后面一幢用于生产作坊和员工宿舍，前面一幢为商人及家属居住。房屋外观形态不规则，清水砖墙饰面，主体为四层，局部三层，大门开在正前方但长期封闭，老板及家人和员工都从两幢楼房之间的侧门进出。设计者根据三面环路的情况，把正面及两侧墙面特意处理成圆弧形，照应了不同方向的视觉体验。

A3 * 鲁祖庙街民居建筑群

A4 * 邮政局巷“卜凤居”住宅楼正面

A5

A6

A5 玄坛庙正街大宅院

南岸玄坛庙正街52号早期为英国商人住房，后成为长江航运业船主私宅。此宅随江边山形地貌变化而建，形体有相当的灵活性与适应性。小楼两面有廊，临江面长廊向外挑出，增加了使用空间并能获得良好的视野，同时也使建筑显得轻巧、通透。这种随地形变化的灵活布局显示了乡土建筑顽强的生命力，新型建筑材料的运用和样式的创新又使其具有近代小洋房的外观风貌。

A6 航运村民宅

南岸玄坛庙航运村109号建于20世纪40年代，是长江航运业船主私宅。主楼二层楼房后面的厨房和杂物间设在坡地上，与主楼隔开，利于防火及隔烟。厨房边上有门方便从另一条坡道进出，厨房与主楼间有廊道和天桥相连，既解决了交通问题，又成为室内空间的延伸。廊道采用了园林中特有的爬山廊形态，其高低曲折、错落有致的变化在使用上也充满了情趣。

A5 * 玄坛庙正街52号宅邸与江景景观

A6 * 玄坛庙航运村109号住宅楼

A7

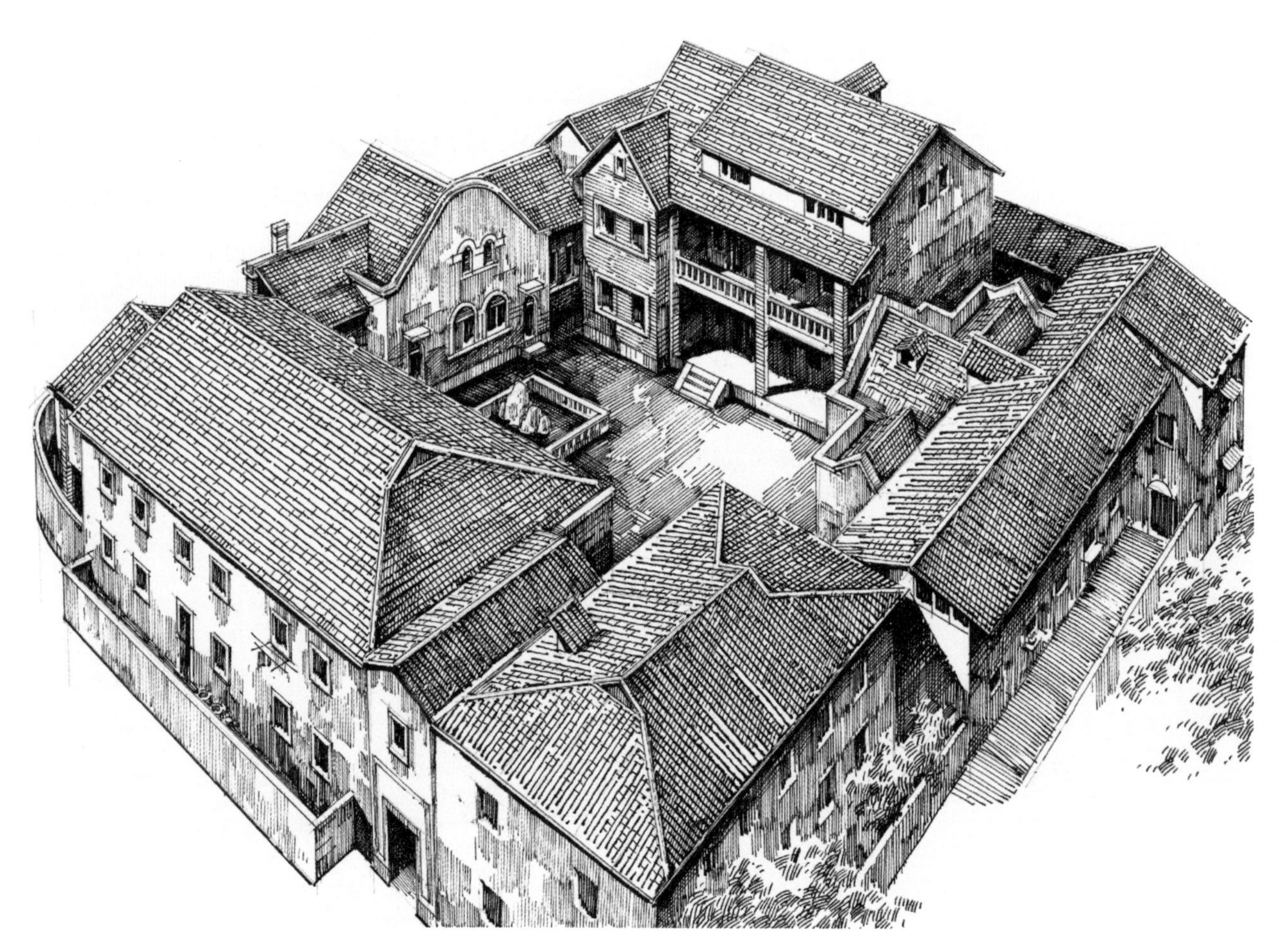

A8

A7 龙门浩老街民居

南岸龙门浩地区在抗日战争时期曾是内迁人员较为集中之地，临江坡地上各式民居交混排列，很是壮观。其中原龙门一巷55号民居是一幢二层砖混结构楼房。该建筑在街道转角处的建筑立面做成了一个圆弧面，二层悬挑出柱廊，使建筑与街道环境和谐呼应，也使得房屋的空间形态新颖且更加丰富，成为通往码头道路上的一处有趣建筑。

A8 道冠井商人住宅（一）

渝中区新华路道冠井9号原为一处居民院落，在民国时期是一经营纸张的商人所建的住所。院落由大小四幢房屋围合而成，正中是坐北朝南有走廊的三层楼房，由主人居住。左右两幢有童话般浪漫造型的低空间小巧洋式厢房为子女居住，东厢房住儿子，西厢房住女儿。儿、女住房平面相同，但立面山墙造型一尖一圆，颇具童话风格。入口处大屋为货栈、客房和佣人、帮工宿舍。与主人楼房相对的房屋风格比较一致，南北向房屋是清水砖墙，东西向房屋是混水砖墙，黄灰色墙面有拉毛的肌理效果。院落中间为活动场地，有水池假山。该院房屋1950年后用作市公安局家属宿舍。

A7 * 龙门浩一巷55号民居临街一面

A8 * 新华路道冠井9号民居院落全景

A9

A10

A9

道冠井商人住宅（二）

渝中区新华路道冠井10号在民国时期是人称轮胎大王的一商人住宅。该建筑由两幢楼房组成，主楼临街，辅楼临院，两楼内部相通。主楼地下一层，地上四层，砖石结构。主楼楼上用作居住，地下层作轮胎库房，正面有柱廊；辅楼正面有用巨型青石圆柱支撑的三层阳台。新中国成立后该建筑由中国人民解放军第五十三军37分部军供转运站接管使用。

A10

盐商住宅 下浩河街

20世纪初，受当时洋行等西式建筑的影响，本地一些商人在住宅建筑和商业建筑的建造上竞相模仿西式建筑的柱式、拱券，以及装饰精巧的门窗、外廊等，并以这种外观的新奇为时尚。当时，一些外国商人所建的洋行大楼，除了使用进口材料外，还从上海或沿海地区雇用工程技术人员来渝承建。这种方式一般本地商人是负担不起的，于是就摸索出了采用廉价的乡土材料来模仿西式建筑的某些外形这种既经济又美观的做法。南岸下浩老码头81号原盐商住宅就是一例。该建筑把装饰的重点集中在建筑正面柱廊上，向外挑出的走廊由挑梁支撑，在二层和三层的木柱上以薄形木条作骨架，做成各种造型，外层再精心抹上白灰，西洋柱式就仿制成了。此外，几个弧线形拱券也是用空斗墙方式做成的。这种制作方法需要工匠有较高的手工技术，但费用却十分低廉，效果通常很逼真。因此很多人都竞相模仿。工匠的技术也日趋成熟，可以制作出很多复杂的柱式、花饰、线脚。这种假柱式和拱券虽很美观，但不经久耐用，时间一长，经日晒雨淋，特别是重庆潮湿空气的侵蚀，木骨架内层和石灰层之间热胀冷缩不均，石灰层就会开裂脱落，里面的木骨架也会变形、移位。正如这幢房屋原有的西洋柱和拱券除了三楼正面还有两拱大致能看出原貌外，其余均已面目全非，原来的洋式风格在经过岁月的磨砺之后，外形又回归成最乡土的民居样式了。

A9 * 新华路道冠井10号商人住宅楼

A10 * 下浩老码头盐商住宅

A11

A12

A11 吴氏住宅

● 綦江石角乡原吴姓乡长住宅是典型的山地建筑。该建筑沿小河边坡地带修建，为平街一层，平街以下三层。整个建筑依附在崖壁上，采用上升、下沉和地面层相互穿插结合，充分利用了复杂地形的起伏变化。在建筑的上部平街层有观景敞廊，底部基础入水处，以石拱架空形式搭建亲水空间，显示出中间实上下虚的视觉效果，既减轻了建筑体量的沉重感，也使建筑与水面的结合处富于变化与情趣。这是在自然条件不理想的情况下创造出来的居住环境和富有特色的滨水景观。

A12 弹子石张家院子

● 南岸弹子石太平巷30号原为从事商贸工作的张姓兄弟合修的住宅张家院子。该宅院在当时也算稍有规模，大体分外院和内院。外院二层楼房为客房，客房前是一个小花园，有椭圆形石花坛、鱼池、石桌凳等，种植有树木花草。内院有两个天井，隔成四个单元，里面是几兄弟各家分别居住的房间。该院空间、功能划分紧凑、合理。在前院或后院辟出一个小花园是当时一些民宅常见的做法，同时也可借此显示身份、地位。

A11 * 綦江吴氏住宅

A12 * 弹子石太平巷张家院子全貌

A13

A14

A13 贺氏民居

● 南岸玄坛庙友于里11号贺德荣民居建于民国中期，是一座形态不规则院落，由一幢主楼、两幢辅楼组成。平面呈“L”形，设有前院和后院，建筑整体比较朴实，只在楼房面朝大街的端头部分设柱廊，集中展示西洋式拱券和科林斯柱式。此建筑因房屋形态较为特别，又在路口形成对景，恰好成为从江边码头爬坡上叶家山途中的一处有趣的街边景观。

A14 黄桷垭华侨新村

● 抗日战争时期，中国财政和物资面临着极大的困难，海外华侨为支援祖国抗战，开展无私无偿的捐献活动。陪都重庆聚集了众多的爱国侨胞，著名爱国华侨陈嘉庚就是在重庆向全世界华侨发出了捐资以助抗战的号召。

● 1943年11月，国民党中央海外部委托重庆市政府在南岸黄桷垭山上为转移到重庆的爱国华侨统一建造华侨新村住宅工程，用以帮助侨胞暂时躲避敌机的空袭。所建住宅共7幢，分别由平源营造厂、共信营造厂、大公营造厂建造。

● 当时确定新建住宅50天内完成，可能工期实在太紧，以致于期限已过两月，而各营造厂所承建的工程均未完工。国民党中央海外部在给市政府的催促函件中提出：“兹者雾季已过，暂住市区各侨胞均急于疏散下乡（注：雾季过，敌机空袭又将频繁），咸来催询定租，为特函请市政府黄桷垭郊区办事处严督各营造厂依限完工，否则照章处罚。”可见当时急迫的情形。

A13 * 友于里贺氏民居鸟瞰

A14 * 黄桷垭文峰段2号华侨新村房屋“王庄”
（此建筑系土墙木结构，二层，左右各有一户居住，面对山峦的正面由砖墙围合成独立院落）

A15

A16

A15 高公馆

● 渝中半岛上清寺路252号有三幢并排而列的住宅建筑。三幢建筑样式迥异，但都是两楼一底外加阁楼层。建筑在牛角沱嘉陵江边面江而立，分别设有露台、观景平台、观景廊等，可俯瞰江景，在江岸边形成了变化丰富的建筑景观。这是原四川省立教育学院首任院长高显鉴修建于1938年的公馆，人称“高公馆”。高公馆后异地迁建（复建）至李子坝抗战公园。

● 高公馆的三幢建筑均为砖柱、砖墙、木结构，有部分墙面为夹壁墙。地基属于挖进型，即在斜坡上挖出一个平整的场地，再在这个场地上建房。其最大特点是房屋均建在一段高15米的高切坡的下端，但与重庆其他类似地基的房屋不同，这三幢房屋房体并没有贴在高高的崖壁上，而是隔了一段距离，以便房屋的内立面能够通风，减少地面潮湿所带来的影响，并使阴暗的底层能适当采光。该建筑与高切坡的交通联系采用架空廊桥以及崖壁上设置的梯道。当时高显鉴开办的生生花园就在附近，因而很多人把这里也叫作生生花园。民间还有一个顺口溜：“上清寺，牛角沱，生生花园崖脚脚。”很形象地描绘出了这里的山地环境。

A16 猪毛行院子

● 猪毛行院子是储奇门牌坊里（渝中区解放西路14号）20世纪30年代一经营猪鬃的商人所修建的三幢样式奇特的住宅。该住宅在大街一侧分四个部分。街边是猪鬃商铺和营业用房。商铺后是第一个院落，之后是一个院落分成的两部分，这些院落各自独立，有单独的入口，但又通过平台、过道、楼梯在内部相互联系。三幢建筑均为三层砖混结构，歇山式屋顶，外观和内部结构大致一样。原本完整的屋顶上各加了一个楼梯间和望台，使这个住宅的确比周围其他房屋更有特点，但从整体观看，还是和建筑的基本形态不大协调，甚至有点别扭。附近居民都称这三幢房屋为背包房。背包房的凸起部分与屋顶之间的缝隙未能处理好，遇雨漏水比较严重，使后来的住户穷于应付，苦不堪言。据说在抗日战争时期，国民政府军事委员会委员长行营也曾使用过这处房屋。

● 猪毛行院子外商铺、内住宅的功能布局在当时的城市商业建筑中是非常典型的，有一定民俗和城市发展的研究价值，只可惜这种完整的功能形态在市区已不多见了。

A15 * 牛角沱高公馆建筑群

A16 * 储奇万猪毛行院子全景

A17

A17

八角亭住宅

化龙桥街道山村73号八角亭住宅，建于1946年。此住宅位于一条岔路口的上方，主体建筑为一幢二层砖混结构小楼，楼前右侧有两条道路分叉所形成的夹角，设计者很好地利用了这一狭长地段，巧妙设置一尺度适宜、造型美观的八角亭作为该住宅的标志，并形成路口的对景，营造出轻松愉快的公共空间。

A17 * 华村八角亭住宅全景

A18

A19

A18 圆厅楼

沙坪坝天星桥晒光坪街的圆厅楼住宅，曾是清末民初重庆首富汤子敬公馆。整个公馆全用青石砌墙围合，占地面积较大，内有大小建筑数幢，其中圆厅楼为主建筑。该建筑群是分前期后期两次修建完成的，最初修建了略带中式风格的二层小楼和后面台地上的石结构圆厅（底层作为舞厅，二层作为客厅），后又加建了左侧德式风格的附属楼房。两种建筑在造型风格和使用材料上的差异很明显，但主人做到了使其巧妙地拼接在一起，在风格上求同存异，成了这幢房屋的独有特色。圆厅楼后由重庆档案学会使用。

A19 南泉迎风别墅

南泉迎风别墅位于南泉老街的半坡之上，是川军师长曾子唯为其女儿修建的。别墅由一幢二层主楼、一幢辅助用房以及方亭、门坊组成，建筑面积1 420平方米，背靠建文峰，前临南泉景园，大门朝向对面山上曾子唯本人的别墅曾公馆，与其隔河相望。该建筑是南泉老街上的一处重要人文景观。

A18 * 晒光坪汤公馆圆厅楼

A19 * 南泉迎风别墅鸟瞰

A20

A21

A20 黄锡滋产业建筑群

南岸玄坛庙重庆茶厂左侧有一条依山而建的黄家巷，沿巷道两旁及附近的许多房屋建筑都是属于重庆富商、原强华实业股份有限公司主要股东黄锡滋的产业。这些建筑依山而建，面对长江，呈阶梯型排列。建筑体量、主要建筑材料和造型风格依地形的差异，各不相同，有的是单体建筑，有的形成一个较为封闭的院落，但都带有近代别墅建筑的内、外部特征。在装饰上有西方古典、新古典或中式建筑的某些符号，属折中式建筑类型。如此多的别墅式建筑集中在一个街区，极大地丰富了街道的视觉景观，也使黄家巷在当时俨然成为南岸的高级住宅区之一。

A21 江津马家洋房子

江津曾武乡马家洋房子建于20世纪初。该洋房沿河边修建，分为主人居住的主楼、佣人帮工住房、厨房、杂物间和库房几个部分，各部分之间用廊道相连。主楼为中西合璧式，有当时西方殖民式建筑的一些特征，又有乡土建筑的细部装饰和审美情趣。该楼一至三层均为券廊所环绕，右后方有一楼梯间向外凸出，类似西式建筑的塔楼，只是改成了中式风格，丰富了大楼的平面和立面造型。除主楼之外，其他围合院落的房屋均为平房，主要用作厨房、帮工住房、库房、马厩等。庭院被布置成左、右两个花园。左花园中有一方优美的假山，荷塘四周种植花草树木。右花园以一座圆形花坛为中心，六个八边形树坛环绕四周，树坛外壁用彩色鹅卵石镶嵌出各种几何图案。两花园之间是一条用青石铺装的过道，过道两旁各置三个石花台。整个花园小巧精致，草木纷繁茂盛，水体山石琳琅满目，与庭院和谐且备添情趣。

A20 * 玄坛庙黄家巷42号院（上），黄家巷40号院（下）
A21 * 江津马家洋房子全景

A22

A23

A24

A22 复兴村小洋房

● 南岸黄桷垭复兴村30号小洋房，是民国时期原川东师范学院教授董时光所居住的郊外别墅。建筑为砖木结构，楼高一层半，顶部有宽大的老虎窗，正面有两个凸窗和外凸的门廊，厨房设在右侧，室内地板架空起防潮作用。整个建筑小巧、简洁，立面造型丰富有趣 ，美观而实用性强。在邻近坡地与丛林的映衬下，有种独特的艺术魅力。

A23 龙门浩马鞍山卢家院子

● 龙门浩马鞍山238号卢家院子位于马鞍山顶部原万国医院一侧，是本地商人卢祥善住宅。院落由一栋主人居中的高二层半主楼及一栋二层辅楼组成。院落西侧边缘还有一栋三层楼房作为库房使用，一些平房围合四周，呈不规则外形。院内设有小花园，植有花草树木，一檐廊穿插其中。从院内能遥望南山景色，也能居高俯瞰城市江景，很有一些趣味。主入口开在北侧，东面还有一侧门。院落有一定规模，空间变化丰富，房屋形态讲究实用，外形比较朴实，几乎没有任何装饰，在龙门浩民国时期的别墅中有一定代表性。

A24 杨家花园1号楼

● 南岸黄桷垭后街杨家花园曾为杨子尧的私宅，院落由砖墙围合，内有房屋数幢。杨子尧原系上海人，是当时上海帮会的重要人物，人称杨阿毛，1927年由于打死一美国人而避难至重庆，靠与川军师长范绍增的私人关系做餐饮、矿产、钱庄等生意，1937年杨来到黄桷垭老街购地建房，修成杨家花园，并在黄桷垭组织袍哥“永隆公”，自认舵爷，是当地的青帮首领。杨家花园1号楼为二层青砖楼，占地面积115平方米，建筑面积188平方米，原本是杨子尧的住宅，“永隆公”成立后，该房屋就成了“永隆公”人员设香堂的联络点和聚众开展各种帮会活动的场所。该房屋后为黄桷垭街道办事处所用。

A22 * 黄桷垭复兴村小洋房
A23 * 龙门浩马鞍山卢家院子
A24 * 黄桷垭杨家花园1号楼

A25

A26

A27

A25 荣昌李司令住宅

● 荣昌安富镇老街有一座原县城防司令李天成私宅。李宅平面为长条形合院式建筑，进深较长，中间有天井，后部有向外挑出的柱廊和美人靠以观田园风光。这幢房屋面阔为四柱三开间，向上凸起的平直式女儿墙代替了向外延伸出屋檐的传统屋顶，形成牌楼式的立面。女儿墙部分有通透的几何纹饰作装饰，四根柱头上用砖叠涩造型作收头。由于在造型上带有部分西式建筑特点，略高于相邻建筑，色调也亮堂，虽谈不上有多么洋气和精致，但在多为传统样式建筑的老街上李司令住宅的立面显露几分土豪气。

A26 北碚东阳镇白家洋楼

● 北碚嘉陵江段有小三峡，从上至下依次为沥鼻峡、温塘峡、观音峡。20世纪20年代，卢作孚为了吸引人才，为留洋学者、庚子赔款委员会委员白敦容在东阳镇峡边大沱口山上修建了可俯瞰嘉陵江温塘峡口风光的小洋房。该洋房为砖木结构，平面及墙面采用西式住宅布局方式和装饰手法，屋顶则采用中国传统样式，建筑立面处理较丰富，形态小巧美观。这也是北碚最早的一座西式洋房。

● 后来，民间有传说民国时期那洋楼里曾发生过灵异事件，从而引起了人们的兴趣，以至于因好奇而前来探险的人络绎不绝。

A27 有防御功能的民居

● 在民国时期，主城周边区域的治安状况较差，强盗、土匪横行。一些家底殷实的大户人家为防御土匪打劫，保护财产和生命的安全，在住宅的修建中非常注重其防御功能，主要以碉楼的形式体现。高耸的碉楼视野开阔，可以提前观察到四周的异常情况，提防土匪袭扰。最早的碉楼以土墙木结构为主，后来也有砖结构和石结构等更加牢固的形式出现。通常是在自家院落一侧设单个碉楼，也有在院落中建两个、三个甚至四个碉楼。这些碉楼环踞院落的前后左右，除了用于防范、对抗土匪，某种程度上也作为地位的显示。碉楼的出现，使建筑群在立面上呈现出空间形态的变化。早期碉楼缺少表面的装饰而显得简单。民国以后，随着外来建筑文化的影响、渗透，碉楼在不改变结构坚实牢固的基础上，外观形态有了非常大的变化：主要是在门窗、挑台上采用西洋造型、西洋柱式和纹样花式；在夯土墙面抹砂浆，绘出砖墙拼花的纹样。有的碉楼俨然已成为形似塔楼的小洋房。

A25 * 荣昌安富镇李司令住宅
A26 * 北碚东阳镇白家洋楼
A27 * 北碚天府镇刘氏家族双碉楼院落

A4⋆邮政局巷『卜凤居』住宅楼正立面

A4⋆『卜凤居』住宅楼右端

A4⋆弹子石裕华街瞭望楼巷民居

A5 * 玄坛庙正街52号宅邸与道路

A7 * 龙门浩一巷原55号民居局部

A14 * 黄桷垭文峰段原18号华侨新村房屋

*牛角沱上清寺路73号住宅『荫园』

←A17*华林八角亭住宅仰视

↓A18*晒光坪汤公馆圆厅楼背立面

A20 ★ 玄坛庙海狮支路13号黄家院子近景
（1950年后为南岸航修站办公室）

A20 ★ 黄家巷42号院内的主建筑
（因住户的增加和岁月的侵蚀，
房屋的空间关系改变较大，已不太容易看得出原貌了）

A20 ★ 玄坛庙黄家巷47号山顶上的别墅全景

A23 * 友于里永成别墅右立面

A23 * 永成别墅止立面

A24 * 黄桷垭杨家花园大门

A27 * 沙坪坝凤凰镇陈姓家族西洋样式单体碉楼

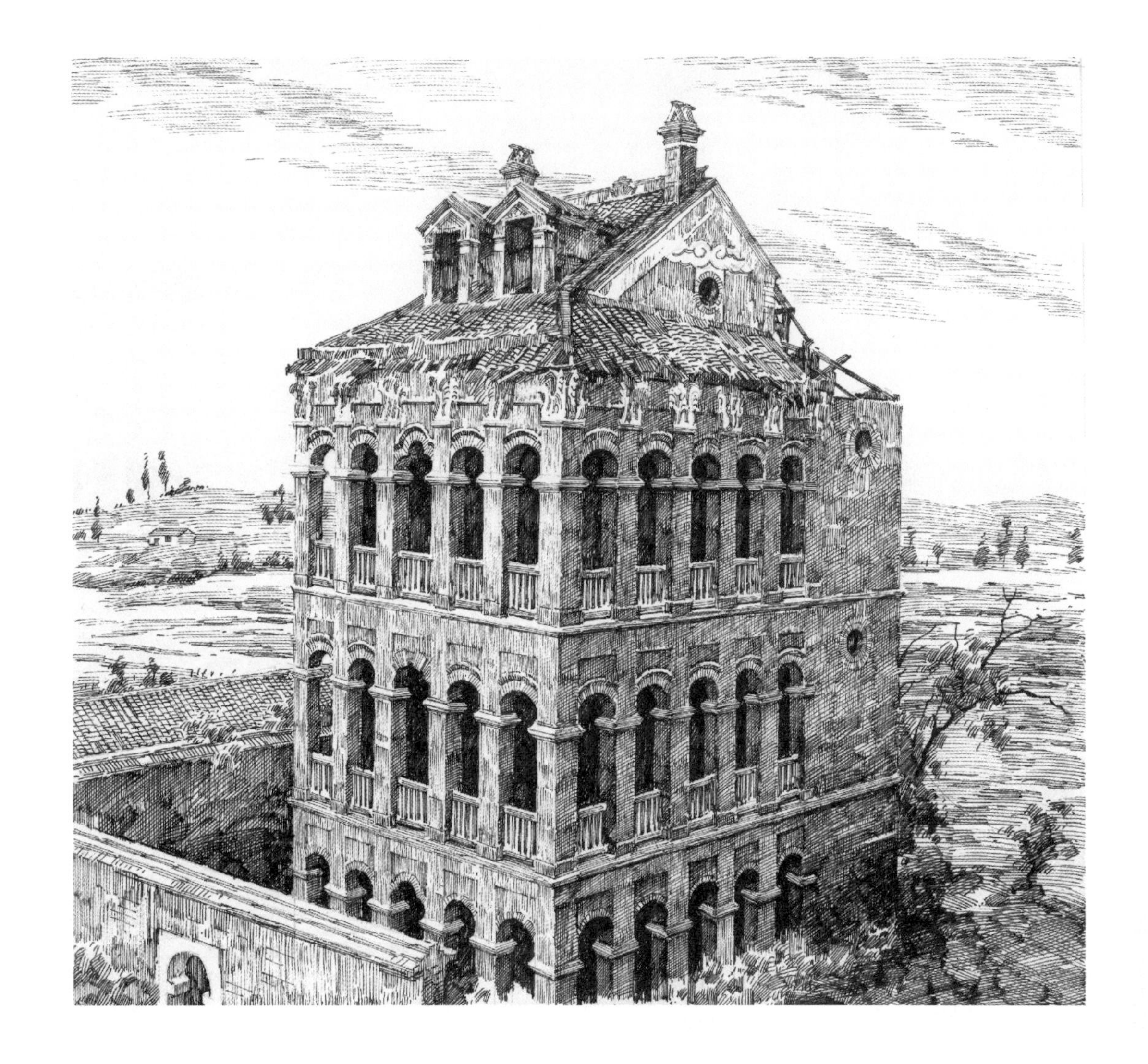

A27 * 巴南界石镇石龙绍兴湾碉楼式住宅群

* 重庆大学松林坡外国专家招待所及别墅（部分）

B

别墅、公寓、宿舍建筑

Villa & Apartment & Dormitory

B1

B2

B1

协和里

● 里弄住宅最早出现在上海，后来天津、汉口也非常流行，抗日战争时期，随着人员的大量迁徙，里弄住宅的形式也流传到了重庆。这种住宅采用了西方联排式住宅的建造方式，是中国早期住宅房地产商品化的开端，也是最早的中西结合的民间建筑。

● 渝中区七星岗上三八街的协和里住宅区是抗日战争时期内迁到重庆的银行规划修建的一个完整的里弄式职员宿舍。协和里位于上三八街街口处，平面呈不规则几何形态，建筑分两部分：左侧部分为行列式排列，每个单元有一小型院落；右侧部分为自由式排列，其平面随基地变化呈三角形。建筑群以具有地域标志性的门楼式入口为中心，向后形成辐射状，构图形式上有很强的美感，平面关系紧凑，功能组织合理，较好地利用了不规则地形，形成了完整的里弄街坊格局。1949年后，协和里为公安局、工商银行职工宿舍。

● 在七星岗附近，类似的模仿里弄式住宅的建筑群还有多处，如“兴德里”“德兴里”“四德里”等，但这些住宅群多已拆毁，仅“协和里”遗存还比较完整。

B2

望龙门平民住宅区

● 1941年，重庆市工务局在望龙门渡船码头沿江坡地上规划设计，由天府营造厂承建了10栋平民住宅。该住宅为硬山式坡屋顶平房建筑，从高到低两排呈阶梯型纵向组合，土墙木结构，每一门牌为一户，以每月租金15元租赁给本地住房困难的城市平民使用。

B1 * 七星岗协和里住宅群

B2 * 望龙门平民住宅（缆车道的右侧）

B3

B4

B3 重庆大学 松林坡外国专家 招待所及别墅

● 重庆大学松林坡地形很特殊，形成于一个独立的团状山体上，位于校园传统空间轴线的末端。抗日战争时期转移到重庆的中央大学曾借用松林坡办学，在山包上修建了若干校舍，因为这些校舍所用材料简陋，现已无踪迹可寻。松林坡林木茂盛、山石嶙峋、小径蜿蜒，环境幽静，在其上又能居高眺望山野江景。20世纪50年代，学校在此沿山体规划修建外国专家招待所及外国专家别墅，一栋栋建筑错落有致，掩映在绿荫之中，形成迷人的景色。

B4 重庆大学 东林村 教师别墅

● 重庆大学大校门左侧的东林村一直是学校教师住宅区，这一带林地中至今仍保留有多栋20世纪30年代修建的教授住宅小楼。住宅楼高二层，底部架空，青砖墙面，机制瓦，室内设有壁炉，入口处有柱廊，外形简洁、朴素。

B3 * 沙坪坝重庆大学松林坡外国专家招待所及别墅（部分）

B4 * 沙坪坝重庆大学东林村教师别墅区

B5

B6

B5

亚细亚火油公司职员住宅

● 南岸上浩马鞍山62号建筑群曾是亚细亚火油公司城区办事处职员住宅。该住宅群位于马鞍山北段山脊上，由两幢西式楼房和两幢平房组成，居高临下，有观景台和观景亭，可以俯瞰长江。两幢建筑均骑跨在悬崖边上，部分向外跨出，有险峻之感。在房屋中间的空地上，有一座高3米的人工堆砌的土坡小山作为花园景观。山的平面呈“L”形，山上植有乡土树种十多株，山脚是挡土墙和花台，上有盆栽花木、石桌凳，沿石砌蹬道可通往山顶。建筑与园林穿插、交融，相依成景，使得房屋所围合的空间变得更有情趣，成为居住者闲暇时间休息、游玩、交往的极好场所。

B6

金城银行别墅

● 渝中区两路口老菜市场正街5号金城银行别墅，是由大小三幢楼房组合成一个独立的院落。院落入口处由青石砌成外“八”字形石墙，石墙两边造型略有不同，从上往下看石墙的上部形成金城二字拼音的第一个字母“J、C”。大门由钢筋水泥浇筑而成，简洁明快，有现代气息。大门两侧石墙竖向镌刻着“金城别墅”大字。

● 进门左侧为一号楼，是集体食堂和金城银行招待所。右侧是二号楼，有两个单元，银行的协理和襄理分住两个单元。最里面是一号楼，是银行经理居住的独立式住宅。三幢建筑在外观造型上都较为简洁朴素，外墙为砖砌，砖墙表面有拉毛的肌理效果，内墙为夹壁，室内有壁炉等西式建筑的设施。一号楼的地下室还设有一个金库，金库有内外两个入口，后被废弃。

● 金城银行创立于1917年，与盐业、大陆和中南三行并称“北四行”，是早年中国北方著名的金融集团之一，1941年金城在重庆成立管辖行，管辖西南、西北各行业务。

● 金城银行别墅1949年后为西南设计院职工宿舍，1978年西南设计院迁往成都后即为西南建工四公司家属宿舍。

B5 * 上浩马鞍山亚细亚火油公司职员住宅

B6 * 两路口金城银行别墅全景

B7

B8

B9

B7 南开中学津南村教师住宅区

沙坪坝南开中学津南村教师住宅区始建于1936年。住宅区位于学校左后侧，内有合院式平房13幢，合院式楼房3幢，住宅有单体和联体两种形式，各户型均略有不同，以教师的资历深浅和教龄长短区别入住。这些矩形院落整齐有序地竖向排列，呈方格网布局，各户之间有既相互联系又相对独立的生活空间，建筑质量高，居住条件好，附近绿树成荫、花木扶疏，环境优雅宁静，非常适宜文人学者聚居。张柏苓、柳亚子、翁文灏先生等曾在此居住。毛泽东、周恩来、蒋介石、蒋经国、郭沫若、马寅初等曾先后来此拜访友人。南开中学津南村是民国时期留存至今，整个布局和单体建筑都保存较为完整的，极具特色的教师住宅小区。

B8 小康庄复旦中学教师住宅

渝中区化龙桥交农村（抗日战争时期交通银行、中国农民银行均在此设办事处而得名）小康庄1号原是创办于1935年的私立复旦中学的教师住宅，属别墅类建筑。住宅平面呈“T”形，砖木结构，正面设有阳光窗，屋顶有老虎窗，右侧偏房辟有一个开敞的属于半室内生活空间的廊，入口设在横竖两幢房屋之间，起连接两幢建筑和空间过渡的作用。1956年后该建筑为重庆幼儿师范学校使用。

B9 中华大学教师宿舍

武昌中华大学于20世纪30年代迁来南岸下浩，以渝德染厂厂房作为校舍，另在杨家岗半坡上建有操场和教学用房若干，并买下两湖同乡会的地皮建教师宿舍，以湖北地方特色浓厚的“鄂中里”作为地名。宿舍为二层木结构，夹壁墙，紧贴山体临江而建，平面有折转，既适应地形的变化，也使得面对江面的视野更开阔。

B7 * 下浩南开中学津南村17、18号院
B8 * 华龙桥小康庄复旦中学教师住宅
B9 * 沙坪坝中华大学教师宿舍

B10

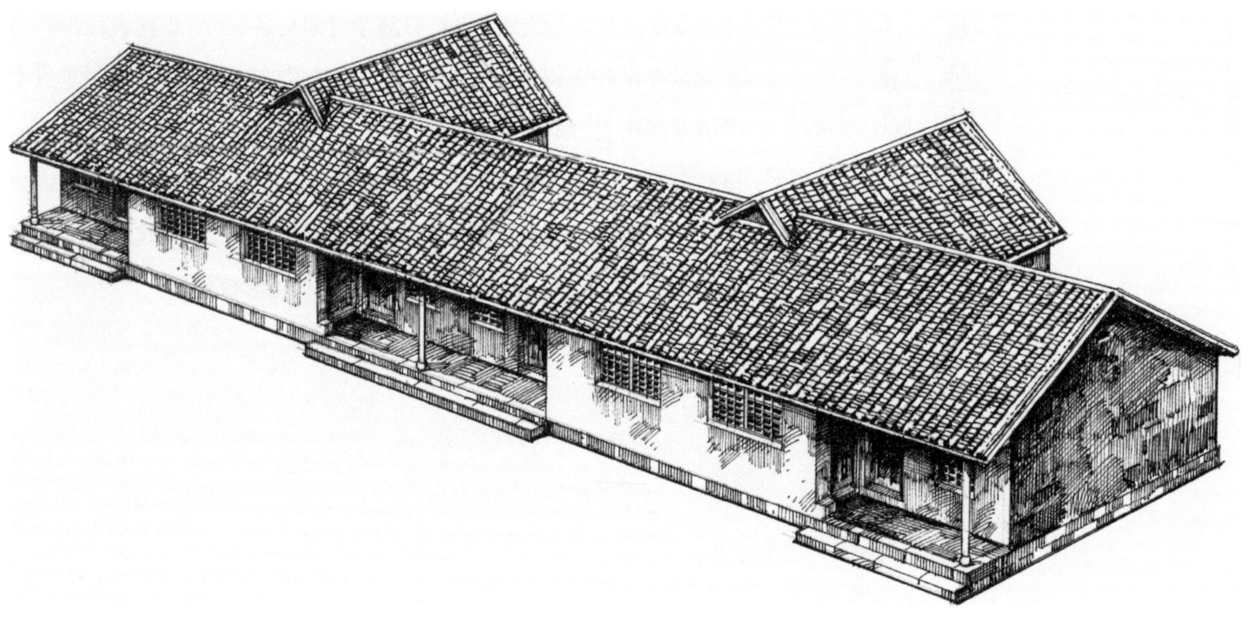

B11

B12

B10 兵工署第十工厂职员住宅

● 兵工署第十工厂（今江陵机器厂）有数幢为工程技术人员修建的连体别墅式住宅，其中江北大石坝一村30号这幢住宅较有特点。该建筑平面为“T”形，一楼一底，依地形的高差变化而组织空间，上下各有出入口，造型朴实，功能实用，是一幢具有山地建筑形态的错层式住宅。

B11 兵工署第四十工厂职员宿舍

● 兵工署第四十工厂是由南宁、柳州、梧州等广西各兵工厂合并而成。1938年11月广西桂南战事吃紧，该厂奉令离开广西本土，迁至重庆近郊綦江县赶水镇，即小鱼沱与打通煤矿之间的张家坝山区。工厂利用河流自然冲积的山谷谷地建设厂房，并在张家坝谷地上方的山腰上建起了绵延数千米的数十幢行列式平房住宅，基本上全部解决了本厂两千多员工的居住问题。在面积、户型和地段上，厂长、职员和工人的住宅依等级有所不同。厂长住宅是连体别墅，两户一宅；职员的是平房，四户一宅；工人的也是平房，八户一宅。这些住房均为土砖墙、木结构、悬山顶小青瓦平房，土砖墙外层抹黄灰色砂浆饰面，用料简单，外形朴实，即便是厂长的住房仍然较为简陋。该厂区同时修建的还有厂医院、俱乐部、学校、礼堂、洗澡堂等生活设施。

B12 兵工署第五十工厂职员住宅

● 兵工署第五十工厂原名广东第二兵器制造厂，于1938年自广东省琶江迁来江北郭家沱，在各种条件都十分困难的情况下完成迁建任务，新建房屋48 561平方米，其中职员和工人的住宅有115幢。由于迁渝时仓促，一切建设都力求快速而安全，大都因陋就简，就地取材，这些住宅的外观也完全依照本地乡土建筑的形态。当时在铜锣山临近江边崎岖不平的台地上修建了多幢职员住宅，这些房屋穿斗框架结构，竹笆夹壁作墙，基础则仿巴人的干阑式建筑作架空处理，以适应所处的复杂环境，既能防止重庆山地潮气的侵袭，又省去了平整地基的诸多麻烦。抗日战争期间，兵工厂遭受敌机轰炸极为频繁。快速、简易地修建起住宅，能够迅速恢复生产生活，也是对敌斗争的一种策略。

B10 * 郭家沱兵工署第十工厂职员住宅
B11 * 张家坝兵工署第四十工厂职员宿舍
B12 * 大石坝兵工署第五十工厂职员住宅

B13

B14

B13 豫丰纱厂职员住宅

豫丰纱厂原址河南郑州，1938年内迁重庆沙坪坝土湾，紧邻重庆第一、第二棉纺厂和重庆印染厂片区。该厂内迁时在沙坪坝土湾干部村有6幢呈带状排列整齐的平房式住宅，它们是1938年河南郑州豫丰纱厂迁到重庆时专门为厂级干部和工程技术人员规划修建的。住宅小区紧靠豫丰纱厂南面，在多级台地上分布排列，其结构形式基本一致，只是根据地形的变化，其纵向长度不同，并形成沿坡地逐渐跌落的错层形式。每户有三间房，70平方米左右，房间空高3米，壁炉和厨房的烟囱设计得很有趣，丰富了屋顶的造型，成为一个重要的视觉中心。房前屋后有林木花草等园艺小景。该小区建筑布局合理、结构实用，小区空间组织变化有序，生活方便，是重庆市内不多见的完整保存下来的抗日战争时期迁建工厂住宅区。

B14 汉口裕华纺织公司渝厂职员住宅

裕华纺织公司渝厂即原汉口裕华纺织公司裕华纱厂，迁至重庆后于1939年开工，厂址设在南岸窍角沱。职员住宅建在工厂东面的山坡顶端，为四幢歇山顶二层砖木结构建筑，其中三幢单面有柱廊。右侧两幢主楼在前，作为辅楼的厨房在后，有上下廊道相连。左侧的两幢主楼分别设在前后，厨房设在中部，空间也以廊道相连。这些建筑都很有武汉地区里弄式住宅的特色。

B13 * 土湾豫丰纱厂职员住宅部分建筑鸟瞰
B14 * 弹子石汉口裕华纺织公司渝厂职员住宅

B15

B16

B17

B15 中新第四纺织厂工人宿舍

● 南岸弹子石庆新二村原申新第四纺织厂工人单身宿舍建于20世纪30年代后期，由8幢穿斗结构平房围合组成，其中有食堂和管理用房。建筑结构较为简陋，使用面积狭小，多为夹壁墙，空间低矮，规划所选基址地势低洼，排水不畅，每逢大雨，房屋均被雨水浸泡，时常影响到居住者的正常生活。

B16 永新肥皂厂职员宿舍

● 地处江北石马河，与沙坪坝磁器口古镇隔江相望的重庆永新肥皂厂原为1938年内迁重庆的上海永新化学工业公司。该厂职员宿舍现遗存有五幢，紧靠厂区左侧分布，其中三幢相同类型的平房建筑依山形呈阶梯状排列，这些建筑均为砖石结构，内部木构架，样式简单实用。每幢房屋居住五户人家，每户面积20~30平方米。

B17 中央电讯一厂职工宿舍

● 中央电讯一厂以军用通信器材为主要产品，过去也叫朝阳兵工厂，新中国成立初期改名716厂，后对外称重庆无线电厂，“文化大革命”后改称朝阳微电机厂，厂址在化龙桥。化龙桥山村207号、208号两排住宅，曾是民国时期的中央电讯一厂为普通职工解决住宿问题而统一规划修建的简易宿舍。当时同样形制的连体住宅在化龙桥山村这一带有很多幢，这些建筑均为木结构，夹壁墙，机制瓦，每一户使用面积约30平方米。这是民国时期厂方为普通职工修建的为数不多的住宅。

B15 * 弹子石申新第四纺织厂工人住宅区

B16 * 石马河永新肥皂厂高级职员住宅

B17 * 华龙桥中央电讯一厂两幢遗存的职工宿舍

（左侧一幢的厨房与居室分离；右侧一幢前面有柱廊，居室的后面设有狭小的厨房）

B1★协和里住宅区门楼（街道左前方）

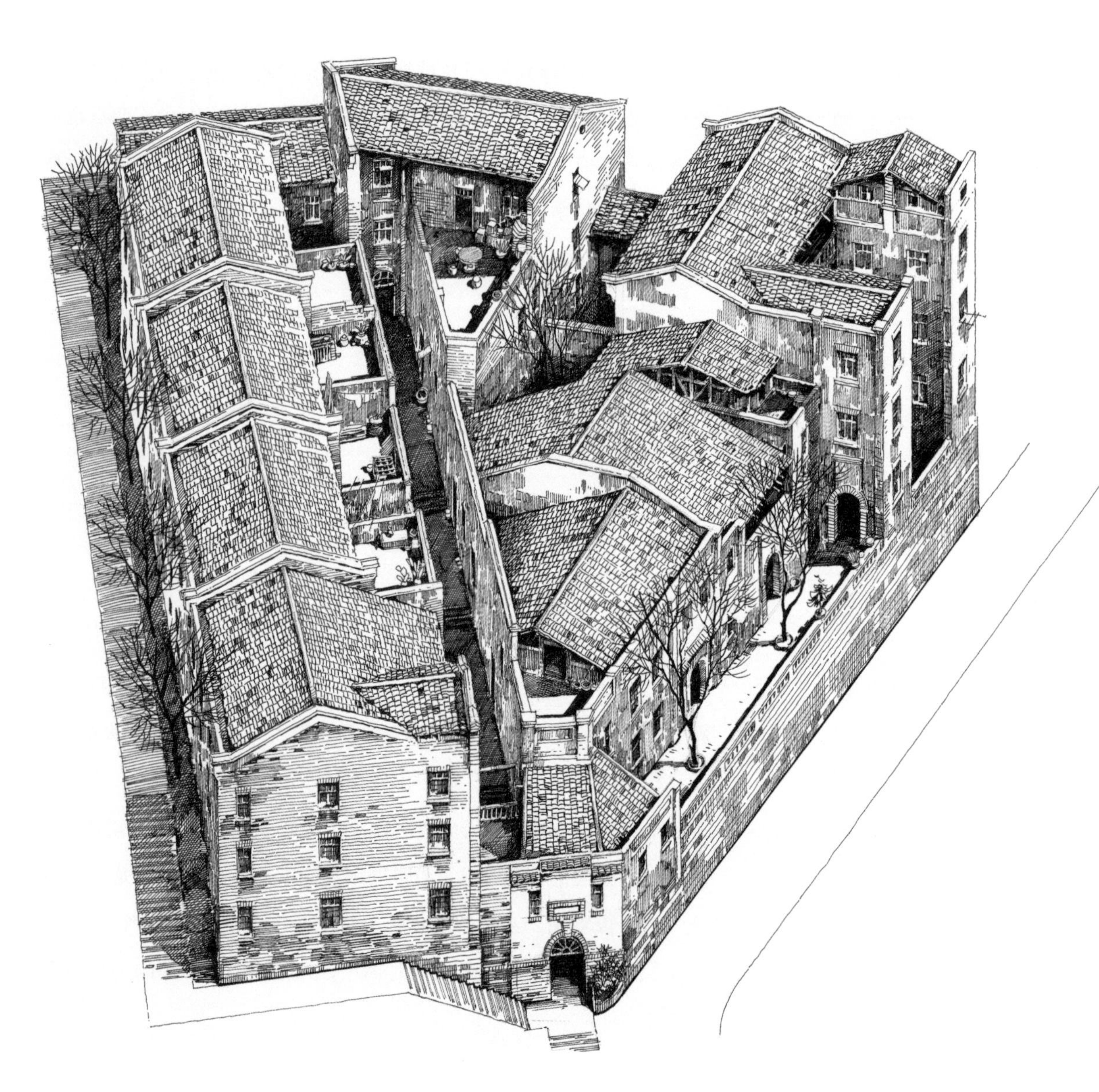

B1★协和里住宅群

B7 * 南开中学津南村15、16号院

B12 * 石马河兵工署第五十工厂一般职员住宅

B16 * 石马河永新肥皂厂一般职员住宅

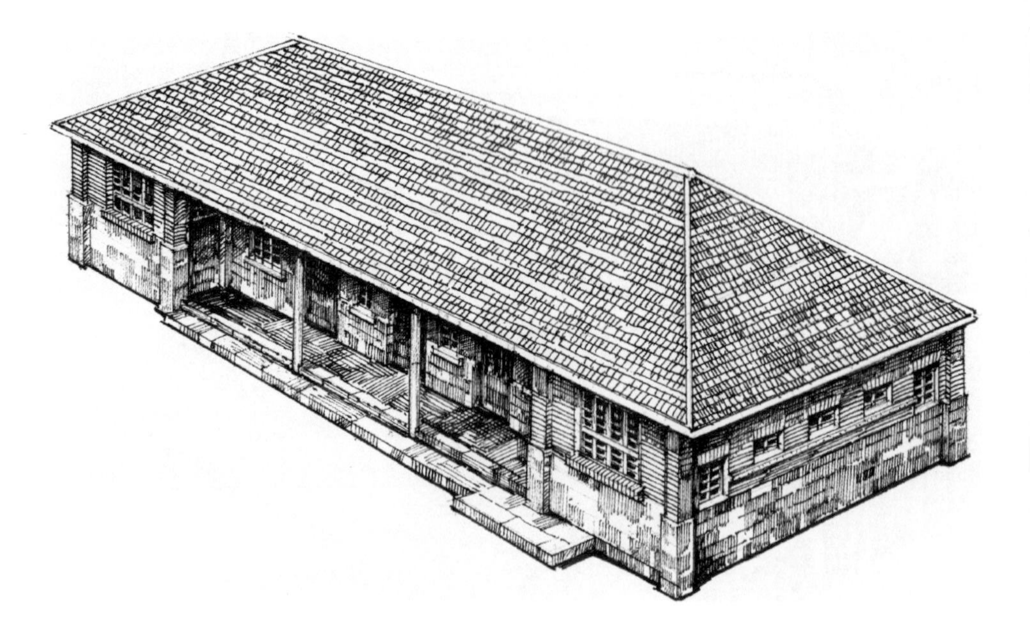

工业建筑

军工厂房建筑

Military Industrial Architecture

民用工业建筑

Common Industrial Architecture

INDUSTRIAL ARCHITECTURE

● 自1891年成为通商口岸后，川江轮船航运业的开辟，使因交通不便而长期相对闭塞的重庆有了重要的发展机会。重庆与外界的经济贸易交往日益频繁，进出吞吐的商品数量急剧增长，为近代工业的产生提供了市场、资金和技术条件。外来经济、文化、技术，与国内洋务运动相结合，使重庆开始了近代工业的发展。1905年清政府设立的铜元局为重庆最早的近代机械工业企业代表。清政府创办的这类工厂一般规模较大，占地广，建筑质量较高。在外来建筑的影响下，当时重庆的工业厂房已有一部分开始采用砖木混合的新结构形式，但大部分仍在沿用木构架结构的传统形式。随着近代工业的进一步发展，城市产业逐步扩大到电力、采煤、缫丝、皮革、火柴、纺织，以及钢铁、机械、化学等工业，新建扩建了一大批厂房和附属设施。但总体来讲，1937年以前，重庆地方工业发展还很缓慢，多数工厂规模小，生产能力低。

● 抗日战争爆发后，长江中下游各地不少官僚资本和民族资本经营的工厂纷纷内迁，其中迁至重庆的工厂即达400家，职工65 000人。这批内迁企业门类比较齐全，又都具有相当的规模和水平，使重庆的工业结构发生了巨大变化。兵器制造业、机器制造业、钢铁工业、纺织业等成为当时重庆重要的支柱产业，为重庆经济的发展奠定了坚实基础。一时间形成了重庆沿长江东起唐家沱，西至大渡口，沿嘉陵江北至磁器口、童家桥，沿川黔公路南抵綦江的工业命脉区。这也是当时大后方唯一的综合性工业区。

* 重庆嘉陵机器厂靠近江边堆金石的老厂房

A 军工厂房建筑 Military Industrial Architecture

A1-1

A1-2

A1 铜元局

● 清政府四川总督锡良上奏光绪皇帝并获钦准，1905年在重庆设立铜元局。四川藩台沈秉坤主持建厂，在长江之滨有水运之便、距主城仅一江之隔的南岸苏家坝江边勘定厂址，购得200亩土地为厂房建设用地，同时派人去上海向洋行洽购机器设备，先后购得可形成两条生产线的英制和德制设备各一套，修建了当时堪称规模宏大的厂房，并在厂区右侧江边修建专用运输码头。整个铜元局厂区建在倾斜的山地上平整出的两层台地上，上面一层为铜元局署衙，下面一层是生产区，为英制、德制设备各建的厂房分列左右，平面呈“品”字形。人们习惯称安装英制设备的厂房为英厂，安装德制设备的厂房为德厂。工厂于1913年正式铸造铜元流通于市。当时厂里还购进了动力发电机，其发电量用于生产的还不到一半，多余的电力则供应局、厂和高级职员宿舍照明，使铜元局成为重庆近代第一盏电灯点亮的地方。

● 1922年刘湘任川军总司令，他利用铜元局的压片设备，将铜元局改为子弹厂。1930年该厂定名为第二十一军子弹厂，除继续生产铜元外，主要制造79步、机枪子弹；1932年后，铜元生产全部停止，全力制造子弹；1935年，该厂改为川康绥靖主任公署子弹厂。至抗日战争前夕，该厂占地373亩，有厂房等各种建筑66幢。1937年，国民政府接管铜元局工厂，改名兵工署第二十工厂。此后工厂迅速扩展为当时中国最重要的子弹厂，为抗日战争胜利作出了贡献。

● 新中国成立后，中国人民解放军接管铜元局，工厂改名为791厂，后又改为重庆长江电工厂至今。

● 重庆铜元局的总体规划为：负责经营管理和产品设计的署衙在上，生产厂房在下，这种山地分台式布局方式在早期工业厂房建设中常可见到。上部平台的署衙称为大花厅，系一合院式传统官式建筑，该建筑在20世纪70年代被拆除。大花厅与厂房之间由青石铺砌的道路和48级大台阶相连，台阶下即为老式厂房。厂房以道路为轴线，左为英厂，三幢分别长140多米的厂房分三排横列在江边，其中后面两幢厂房的两端相互连接在一起，形成围合关系；右边为德厂，厂房的布局则是四幢厂房以纵向的组合方式分列江边。

● 铜元局工业建筑的空间形态高朗、宽敞，结构厚实，与早期重庆本地私人作坊式低矮简陋的厂房样式截然不同，有一种官办企业简洁而庄重的气派。厂房山墙均为三开间，高15米，宽17米，清水砖墙，山墙的山花处开有透气圆窗，腰线以下的墙裙为条石砌筑。屋顶采用人字形气楼，横向长达100多米的立面由墙柱等距离地划分成一个个尺度宜人的间隔，沿下横梁处有用砖砌出的锯齿状线脚，配以砖券式门窗，使得长而单调的横立面产生出一种具有规律性的空间形式和井然有序的持续美感。

● 在铜元局署衙大花厅附近，还保留了几幢体量较小的附属建筑。一幢是原英国财务总监的中西合璧式小楼：此楼位于建筑群的西南角，高三层，面阔三间，山墙同样厚重，左侧屋顶从楼梯间延伸出一个阁楼，阁楼两侧加高的山墙其弧形线条与下面山墙的尖顶形成对比。楼后原有一小花园，园内曾有水池假山、花木等，现已荒废。另一幢是原材料检验室，平面较方正，三开间，居中的开间也很窄，两柱之间恰好是一个门的宽度。另外在大花厅至厂房的48级大台阶上方，原本在路边两侧各有一相互对称的房屋，一幢为签押房，一幢为稽查室。稽查室已被拆除，签押房作为工会活动室而被保留了下来，是工人聚集活动的场所。在英厂的后上方，也有一幢体积不大的二层小楼房，是重庆市内最早的动力发电机房。

● 铜元局的建筑与早期重庆本地的建筑明显不同，具有华北地区建筑粗犷、厚重的风格特征，有几分古老传统的凝重，又有一点西洋文化的韵味，显示出资金技术力量的雄厚。它们的修建拉开了重庆近代大型工业建筑历史的序幕，对后来重庆工业建筑的发展产生了深远影响。

A1-1 * 铜元局厂区全景图

A1-2 * 铜元局英国财务总监小楼

A2-1＊大渡口钢铁迁建委员会（今重庆钢铁公司）炼钢厂全景

A2-2＊大渡口钢铁迁建委员会（今重庆钢铁公司）焦化厂全景

钢铁厂迁建委员会

● 抗日战争爆发后，随着出海口被封锁，我国兵工生产材料的自给问题引起各方重视。1938年3月，国民政府军政部兵工署与经济部资源委员会联合组成钢铁厂迁建委员会，收购汉阳钢铁厂、大冶铁厂、六河沟铁厂机器设备并运至重庆，利用重庆附近的綦江铁矿和南桐煤矿为燃料基地，以建立后方大型兵工用钢生产企业。经紧张的勘察建设，最终在重庆大渡口长江岸边设厂开工，并于1938年冬与兵工署第三工厂（即上海炼钢厂合并），从而建成抗日战争时期国民政府掌握的规模最大的钢铁联合企业，作为供给重庆及大后方各兵工厂钢铁原料的主要基地。重庆解放前，钢铁厂迁建委员会已改称二十九兵工厂，1949年后更名为重庆钢铁公司。

A2-1

A2-2

A3-1＊沙坪坝重庆电力炼钢厂厂区北段

A3-2＊沙坪坝重庆电力炼钢厂厂区南段

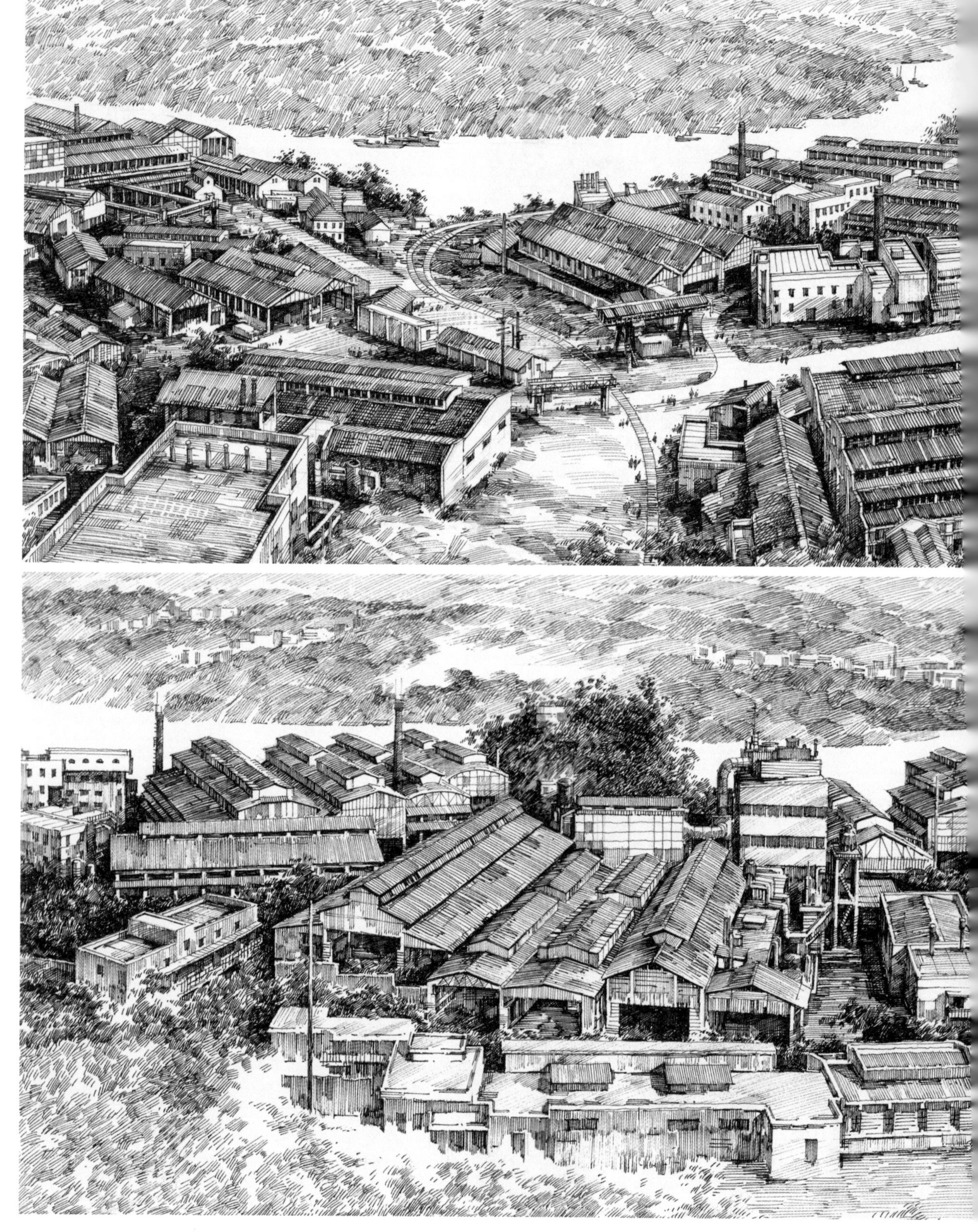

A3

重庆电力炼钢厂

● 1919年四川督军熊克武筹建重庆电力炼钢厂，原以铜元局为厂址，但因军阀混战，建厂终无成局。直到20世纪30年代初，时任四川省长的刘湘采纳从欧洲考察回国的陆军少将杨吉辉的建议，成立“重庆电力炼钢厂筹备委员会”，选定沙坪坝磁器口文昌宫附近为新厂址，另从美国、德国购进新式机器设备。建厂历时两年，1936年底设备安装竣工。1937年该厂由国民政府兵工署接管，1939年改称兵工署第二十四工厂。1944年修建了防空袭洞穴式发电所，该发电所的洞穴开掘在沙坪坝磁器口文昌宫道观左侧50米高的山崖下方，是在原有自然溶洞的基础上整修加固而成，装有德国西门子2000千瓦透平发电机一套，是后方冶金工厂最大的发电机组，称文昌宫第二发电所。洞穴由于顺应山石肌理的走向，形态并不规则，左高右低，高处20米，低处10米。洞口为通透式隔断，内部被分为大小不同的复杂空间，所选位置隐蔽性很强。崖壁顶端还有负责空中和江面警戒的碉楼一座。

● 该厂是西南地区最早设立的近代钢铁厂，能生产优质钢材，供制造各种枪炮、弹药。1949年后更名为重庆特殊钢厂。

A3-1

A3-2

A4 * 鹅公岩兵工署第一工厂（后为建设机床厂）主厂区鸟瞰
（厂区内的工业建筑包括部分民国时期的厂房、
新中国成立初期苏联援建的厂房和
20世纪70—80年代的新式厂房）

A4

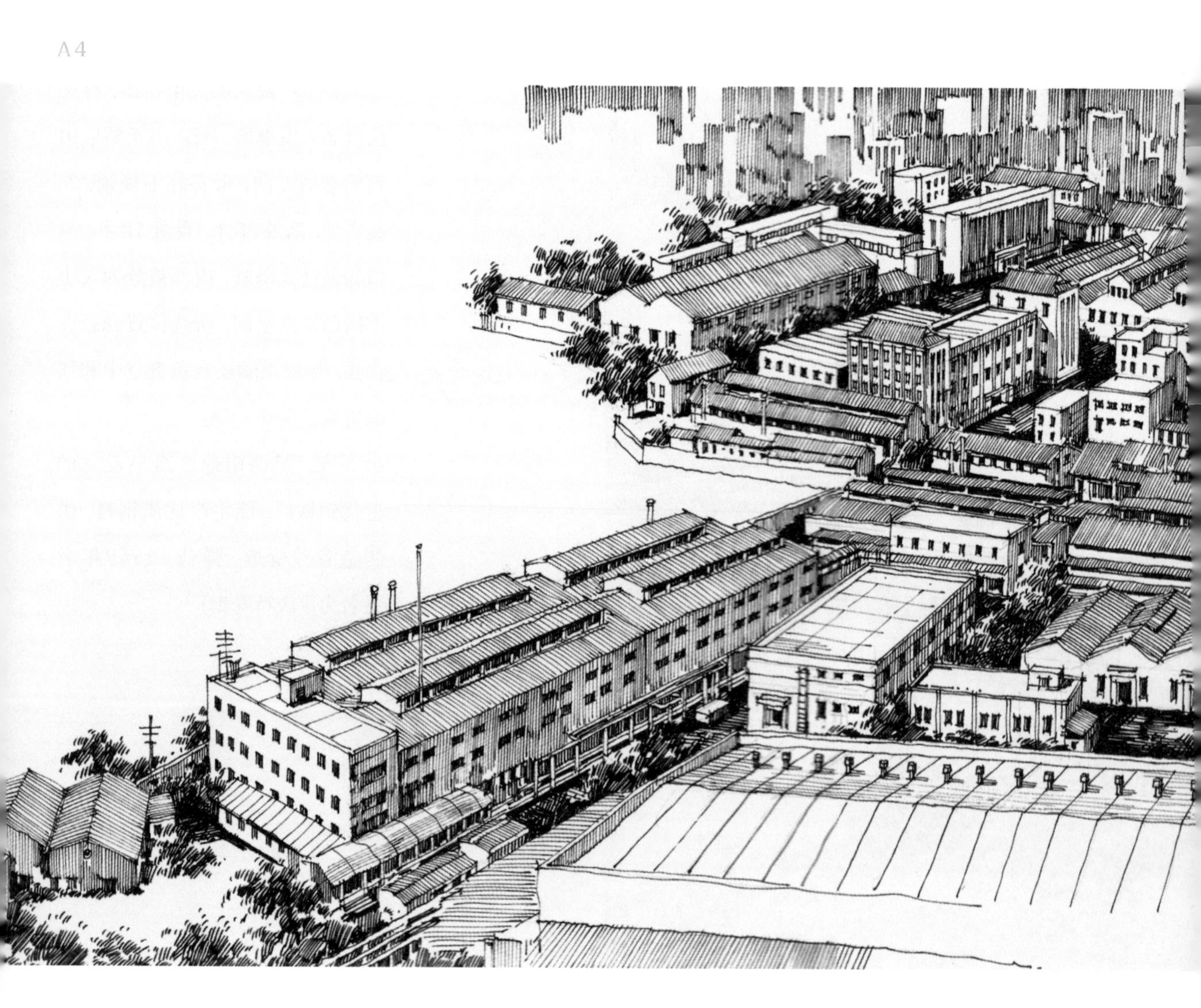

A4

兵工署第一工厂

● 兵工署第一工厂即为创自清朝光绪年间的汉阳兵工厂，先后设有制炮厂、制枪厂、枪弹厂、机器厂、机关枪厂、动力厂等，是我国历史悠久、出品众多、规模最大的一个综合性兵工厂，是当时兵工署所属21家兵工厂中最大的企业。1938年6月，该厂迁湖南辰溪；1939年5月又自辰溪迁至重庆，勘址鹅公岩，开凿山洞，建设厂房。这期间因运输关系，兵工署将该厂作了迁建调整，使其出品渐趋单一，专业化程度有所提高。1943年，山洞开凿工程完成，从傅家沟到龙凤溪沿长江北岸一带共开凿岩洞107个。至1945年抗日战争胜利前夕，该厂有机器1703台，员工5071人，每月可出步枪5400支、七五炮弹4000枚。

● 1949年后，该厂更名为重庆建设机床厂。20世纪50年代初期，该厂建造的主厂房由苏联专家参与设计，为砖混和钢筋混凝土框架结构，以主跨和边跨连续的方式组成厂内规模最大的厂房。这种结构形式的特点是采用高低跨，在主要工作面采用高跨，在次要工作面采用低跨，既能满足使用要求，又可节省原材料。主厂房外墙为红砖实砌清水墙，屋面为瓦楞铁皮，屋脊处有通气楼天窗。

A5

A6

A5

兵工署第二十一工厂

兵工署第二十一工厂的历史可追溯至19世纪60年代李鸿章创办的上海洋炮局。1865年，上海洋炮局迁至南京雨花台，扩建为金陵制造局，民国时期改称金陵兵工厂。1937年，“八·一三”上海抗战事起，日机屡次轰炸首都南京，兵工厂也被炸数次。同年12月1日，厂长率员工全体撤离南京，迁入重庆，在江北簸箕石选定原裕蜀丝厂和邻近的火柴厂、黄氏小学所在的几十亩土地作为工厂新址，沿江边坡地修建防空洞和地面厂房。该厂于1938年3月1日宣布恢复生产，厂名改为兵工署第二十一工厂。迁渝后不断扩充，1945年抗日战争胜利前夕，仅厂本部每月就能生产步枪8000支、轻机枪250挺、重机枪500挺、八二迫击炮220门、一二〇迫击炮10门、各种炮弹7.3万枚，成为国民政府后方最大的兵工生产厂家。1949年后该厂更名为长安特种机器厂。

A6

兵工署第五十工厂

兵工署第五十工厂（今重庆望江机器厂）原名广东第二兵器制造厂，于1938年自广东省琶江迁至重庆江北郭家沱，1941年迁建基本完成。该厂沿郭家沱数千米长的山谷修建厂房48561平方米，修筑公路约10千米，另外建有码头、研究所、防空洞、库房、动力设施等项目200多个。该兵工厂厂房大都有着“人”字形气楼屋顶，多为抬梁式构架，石柱或砖柱承重，夹壁墙，腰线以下为砖墙，用以防潮。大型厂房则采用多跨连续式屋顶以扩大内部空间。至今在郭家沱中码头仍有这种旧式大型厂房在继续使用。除地面厂房外，当年还沿山脚、崖壁开凿了众多山洞厂房。其中规模最大的是地下发电厂，洞内空高10米，全钢筋水泥结构，用作骨架的钢筋直径达50厘米，整体坚固程度相当高。当年日机的反复轰炸，对其没有造成丝毫影响。

今厂区内大型厂房多为1949年后新建改建，原有老式厂房零星分散各处，保存完整的已不多见。

A5 * 江北簸箕石兵工署第二十一工厂264翻砂车间内景

A6 * 郭家沱中码头兵工署第五十工厂（今重庆望江机器厂）部分老厂区

A1 * 铜元局德厂（左）和英厂（右）

A3 * 沙坪坝重庆电力炼钢厂文昌宫第二发电所洞穴式厂房

A4 * 兵工署第一工厂枪械二车间山洞厂房结构示意图

↑A4＊鹅公岩兵工署第一工厂（后为建设机床厂）动力厂

→A5＊江北簸箕石兵工署第二十一工厂246车间内部构架

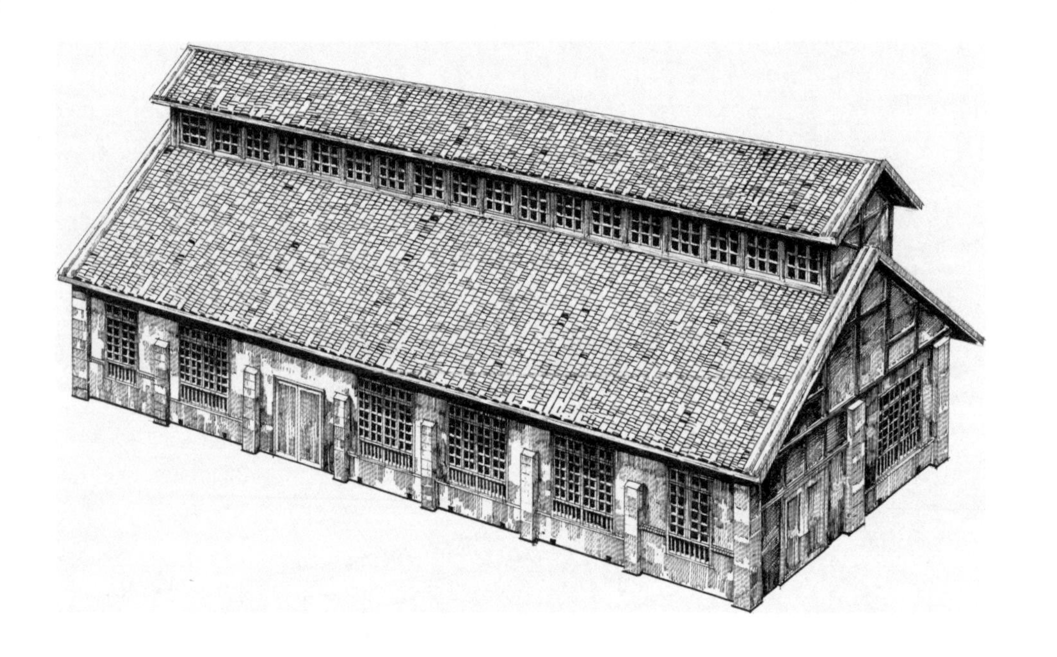

A6*郭家沱兵工署第五十工厂18车间弹簧厂房
（独立式小型厂房，『人』字形气楼屋顶，抬梁式结构，石柱夹壁墙，外墙腰线以下混水砖砌，用以防潮）

A6*兵工署第五十工厂35车间淬火房

A6*兵工署第五十工厂老式大型厂房

*沙坪坝土湾豫丰纱厂

B 民用工业建筑 Common Industrial Architecture

B1

B2

B1

民生机器厂

民生实业股份有限公司民生机器厂是重庆第一家民营机器厂，创建于1928年9月，厂址设在江北三洞桥青草坝。该厂当时仅有工人十余名，机器数部，专修本公司船只。抗日战争沪、汉失陷后，长江船舶转川修理，业务随之增加，于是工厂决定添建厂房，增置机器设备，积极加以扩充。1939年该厂开始建造新船，1940年在唐家沱添建一分厂为建造新船之用。到1945年该厂职工人数增达2200人，机器设备也增至300余部，并设有七个工场及唐家沱分厂。抗日战争胜利后，川江船只大多转移上海修理，于是工厂的规模有所缩小。1951年该厂完成公私合营，更名重庆民生造船厂。

B2

强华实业股份有限公司

强华实业股份有限公司创立于1920年，原为民营福记航业部，初期有两艘船，行驶宜渝（宜昌、重庆）航线；1927年与在渝的法国吉利洋行订约，改挂法国旗，在川江上从事客货运输，更名聚福洋行，当时只有三条百吨级轮船。1941年聚福洋行结束与法国吉利洋行的合作，改组成强华实业股份有限公司，公司办公处、库房、车间设在南岸玄坛庙八角巷。玄坛庙老街一笔直的梯道直通其大门，进门便是公司合院式有内廊相通的二层办公楼，穿过办公楼，后面有若干楼房为公司的库房和厂房。建筑风格主要以中式为主，兼有西式的内部设置和局部装饰，外观有强烈的时代特色。

B1 * 民生机器厂唐家沱分厂建筑群

B2 * 玄坛庙强华实业股份有限公司大门与合院式办公楼鸟瞰

B3

B4

B5

B3

打枪坝水厂

● 1927年，时任重庆商埠督办公署督办的潘文华提议，邀集重庆绅商募资筹款修建打枪坝水厂。这是重庆最早建成的专业水厂，位于渝中半岛城市制高点打枪坝。由柏林工业大学毕业的税西恒总工程师主持设计和施工，他在没有水泥的情况下，因地制宜利用条石代替钢筋混凝土，建水塔、筑水池、修房屋。该水厂于1932年建成通水，水源来自大溪沟，当时日供水能力近1万立方米。

● 打枪坝水塔是水厂的标志性建筑，立面上遵循新古典主义建筑三段式处理方式，上部为攒尖顶钟楼造型，有着自下而上、由重渐轻的美感。

B4

恒顺机器厂

● 恒顺机器厂原名武汉周恒顺机器厂，是当时武汉三镇历史最长、规模最大的民营机器厂。1938年7月周恒顺机器厂自备两艘驳轮西迁，1939年4月改名为恒顺机器厂股份有限公司，同年6月在重庆李家沱新址正式开工。西迁的7年中，恒顺厂主要的业务是为民生公司修造轮船，制造大马力的船用蒸汽机，为新船装备动力设备等。1949年后，该厂与相关工厂合并，组成西南军政委员会工业部201厂，即现在的重庆水轮机厂。

B5

重庆特种电机厂

● 重庆特种电机厂位于渝中半岛化龙桥。该厂三车间厂房是早期比较少见的楼房式厂房建筑，楼高二层，两坡顶，砖与钢筋混凝土混合结构，外部砖墙砖柱承重，内部钢筋混凝土框架结构。正面入口处略向外突，形成门廊和楼梯间，既活跃了上下层的空间关系，又丰富了立面造型。在三车间的右下方是总装车间，该车间厂房占地面积较大，外形是传统厂房建筑样式，砖柱砖墙木桁架结构，两端山墙的山尖部分为夹壁墙，整个外墙下部由条石垒砌。

B3 * 打枪坝水厂水塔
B4 * 李家沱恒顺机器厂老厂房
B5 * 化龙桥重庆特种电机厂三车间厂房

B6

B7

B6 渝鑫钢铁厂

渝鑫钢铁厂前身为上海大鑫钢铁厂。该厂创建于1934年，总经理余名钰。1938年迁渝落户沙坪坝土湾，得到民生机器厂的大力支持并与之合作，改名为渝鑫钢铁厂。该厂是抗日战争期间后方最大的民营炼钢厂，设有炼钢、机器、车工、锻工等分厂，设置5吨平炉一座，1吨电炉一座，员工1000余人。迁渝当年至次年间，渝鑫厂以制造军火为主，生产炸弹、手榴弹、山炮，支持抗战。以后转向民用生产，每月生产灰口铁140吨，各种铸钢100吨，产品还有锅炉、车床、水泵、鼓风机、粉碎机、电炉等。1942年1月1日在迁川工厂联合会举办的“迁川工厂出品展览会”上，该厂生产的冶金产品和机器模型受到大家的一致赞扬。周恩来、冯玉祥到该厂参观后，曾题词赞扬其为支援前线和发展民族工业作出的贡献。1949年后，渝鑫钢铁厂一部分前往武汉，一部分并入101厂（今重庆钢铁公司）。原有主要厂房为大面积连跨式多层厂房，属于锯齿式直窗斜窗组合的天窗样式。这些厂房后来由重庆印染厂接收使用。

B7 天兴机械厂

天兴机械厂于1940年迁至南岸弹子石紧邻南洋烟厂的操坝子街，有厂房七幢，沿坡顺江高低排列。厂房多数为砖柱抬梁式桁架结构、穿斗式结构以及小部分钢架结构，屋顶大多设有“人”字形气窗，是民国时期典型的中型规模厂房。工厂主要生产造纸机械、轻化工机械、船舶机械等。厂名最早为华中机械厂，后改称天兴机械厂，后又更名为造纸机械厂。

B6 * 土湾渝鑫钢铁厂（重庆印染厂）老厂房建筑群
B7 * 弹子石天兴机械厂厂房内部构架

B8

B9

B8

大溪沟发电厂

● 1932年重庆市政府成立电力筹备在市区大溪沟组选址建厂，最早安装三台1000千瓦机组，向全市供电。到1938年扩建，装机容量达到1.2万千瓦，成为当时全国一等电力企业和四川最大的火力发电厂。

● 新中国成立后，电厂在苏联专家的帮助下，增设机器、扩大生产，扩充供电量，为重庆城市人民的生产、生活做出了巨大贡献，后由于设备陈旧老化，于1982—1989年报停报废。大溪沟发电厂孕育了重庆电力的雏形，奠定了重庆电力工业发展的基础。

B9

启明电灯公司发电厂房

● 1936年，王秉炎在江津白沙老盐店开办启明电灯公司，安装柴油机、发电机各一台，主要发电供应临街商业铺面的照明，并架线输电供应三楚中学、大学先修班和国立女师学院等单位的照明。

● 启明电灯公司发电厂房位于江津市白沙镇吉祥街5号。该建筑曾为盐业商人所有，前面为三层办公和住宅楼，后面为内院。内院上方加一层罩棚，利用罩棚高出周围屋顶来采光换气，这种建筑形式称为抱厅。建筑正立面的窗楣中西结合，形式感很强，为建筑增色不少。1943年发电厂迁出后，该建筑为白沙商会使用，后面的抱厅成为商会活动室，是白沙码头袍哥帮会的一个重要堂口，凡商业纠纷、人事纠葛、字据兑现、钱财践约之类的事情都在此喝茶解决。1949年后此处改为街道印制厂厂房。

B8＊大溪沟发电厂民国末期的工厂大门

B9＊白沙启明电灯公司发电厂房全景

B10

B11

B10

四川水泥股份有限公司

1935年华西兴业公司常务董事宁芷村会同实业界人士胡子昂、卢作孚等七人发起组建四川水泥股份有限公司。公司约聘上海洋灰厂总工程师徐君担任工程设计，所需机械设备由该公司派员在沪粤两地采购，而主机则从丹麦进口。在厂址的选择上，卢作孚主张设在小三峡白庙子，以便就地取材；徐君实地考察后认为该处面积太狭促，不够容放机器，后在重庆南岸玛瑙溪勘定厂址。最初厂名为重庆大洋灰厂，后改为四川水泥股份有限公司，1949年后更名为重庆水泥厂。

B11

亚细亚火油公司炼油厂

唐家沱何家岚垭原英商亚细亚火油公司炼油厂始建于1918年，1937年初具规模，占地80多亩。厂区建筑包括大班房、二班房、办公楼、仓库、车间、码头等。其中大型桶装库房和车间共五幢，集中分布在靠近江边的台地上，除车间为独立的厂房，四座库房均由开敞或封闭的廊道串联，交通流线分明，功能布置合理。这些建筑为典型的英式古典厂房样式，内部为单层抬梁式砖石结构，长短宽窄因地形的变化而并不一致，墙、柱、门、窗砌筑精细。屋面有老虎窗和“人”字形气楼以解决通风和采光问题。厂房和库房的瓦面全采用瓦楞白铁皮，至今除部分瓦楞白铁皮锈蚀有修补外，其余均完好无损。

B10 * 玛瑙溪四川水泥股份有限公司厂区
B11 * 唐家沱亚细亚火油公司仓库和厂房（左下为厂房，其余为桶装油库房）

B12

B13

B12

豫丰纱厂

● 豫丰纱厂（今重庆第一棉纺织厂的前身）于1919年由民族资本家创建于河南郑县（今郑州市），是当时中原地区规模最大的纺织企业。1938年奉命内迁到重庆沙坪坝嘉陵江边的下土湾。该厂为当时迁川工厂中的大厂之一，纺织行业首户，它的生产为保证军需民用、支持抗日战争取得胜利作出了贡献。

● 工厂以连体式锯齿形屋顶厂房为主，建筑密度大，以多跨连续的方式组成较大的车间。至今仍有青花、准备、粗纱、细沙、简摇这五大车间的厂房为1938年迁渝时所建。老厂房外观与其他同类厂房相似，均为砖木混合结构，但厂房内部的木架跨度大，形制较为独特，显示出当时较高的工艺水平和一定的现代精神。

B13

重庆丝纺厂

● 磁器口江边凤凰山下的四川丝业股份有限公司第一制丝厂（今重庆丝纺厂）创建于清宣统元年（1909年），以生产绢纺产品为主，厂区占地面积13万平方米。厂内至今仍保留有1909年办厂时建造的一批厂房。这些厂房均为单层，锯齿形多跨式结构，两端山墙砖砌，内部为本地传统穿斗构架，采光通风较好。

● 四川丝业股份有限公司第一制丝厂1949年后更名为西南制丝公司第一制丝厂。1956年12月根据上级安排，西南蚕丝公司第一制丝厂、绢纺厂以及合川聚和分厂合并成为西南蚕丝公司第一制丝厂，属中央公私合营企业。1958年，重庆市接受该厂，将其改名为重庆丝纺厂，为当时西南地区最大的国营丝绸企业。

B12 * 下土湾豫丰纱厂准备车间老厂房内景

B13 * 磁器口重庆丝纺厂五车间老厂房内部构架

B14

B15

B14

军政部被服厂

江北上横街水市口26号在抗日战争时期是军政部被服厂。该厂由一幢仿西洋外廊式建筑和几幢简易作坊组成，是当时重庆众多的为前线服务的被服厂之一。1949年以后该厂更名为江北区麻线厂。

B15

汉口裕华纺织公司渝厂

1939年汉口裕华纺织公司迁至南岸窍角沱江边，修建了多跨连续式的大型厂房和各种生产、生活设施。厂内的办公楼及三幢大型库房在结构和外形上，均完全按照武汉总厂办公楼和库房的形制建造。办公楼包括阁楼和屋顶露台在内共四层，砖木结构，四坡屋顶，三面围廊，在造型上与重庆本地同类建筑有明显区别。该厂在当时是南岸最大的民族资本纺织工业生产基地，1953年改为公私合营重庆裕华纺织厂，1970年更名为重庆第三棉纺织厂。

B14 * 江北原军政部被服厂院内一景

B15 * 窍角沱汉口裕华纺织公司渝厂厂房和办公楼

B16

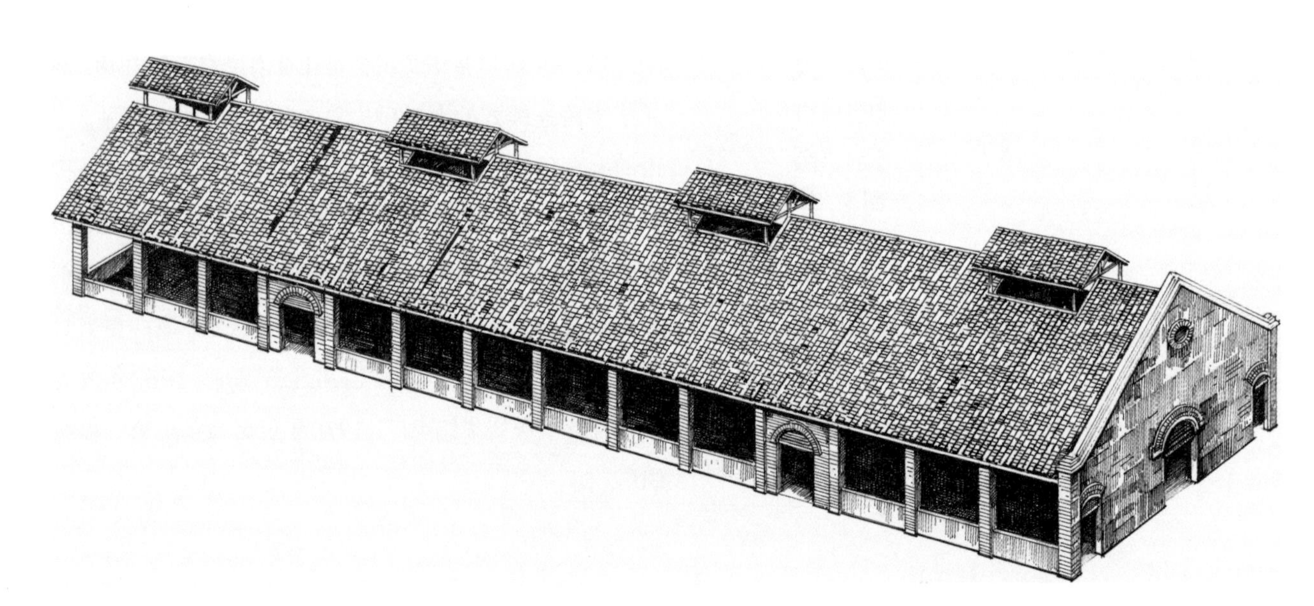

B17

B16 南桐煤矿

抗日战争爆发后，国民政府有计划地将重要的工业设施西迁重庆，在重庆建立了一整套从钢铁到军工的战时工业体系。随着西昌和綦江铁矿的开发，重庆钢铁的矿石有了依托。煤炭，特别是优质炼焦煤则成为急需之物。为解决抗战后方钢铁、军工企业的能源问题，1938年3月，在汉口成立了“钢铁迁建委员会南桐煤矿筹备处”，同年7月西迁重庆南桐，随后投资法币1000万元，划定建矿面积1018公顷，南桐煤矿正式建立。在汉阳铁矿和大冶铁矿诸多大型先进设备和工程技术人员的大力支援下，南桐煤矿从筹备起就具有了现代工业的雏形。

B17 井口大新农场

1940年，留学美国的农学博士、曾任国立北平大学农学院教授的董时进在沙坪坝井口镇创办大新农场。农场置地75亩，种植果树，品种有鸭梨、桃、苹果、柑橘和大量的柠檬，共有果树2900多株，年产水果7000多千克。该场所产的柠檬不仅在省内销售，还远销至上海等地。农场还饲养奶牛、生猪、鸡鸭等畜禽。董时进经常亲自下地从事农业技术劳作，他在办农场的同时，还创办了用以指导农村科学生产的《现代农民》月刊。

B16 * 南桐煤矿办公厅

B17 * 井口大新农场奶牛饲养场

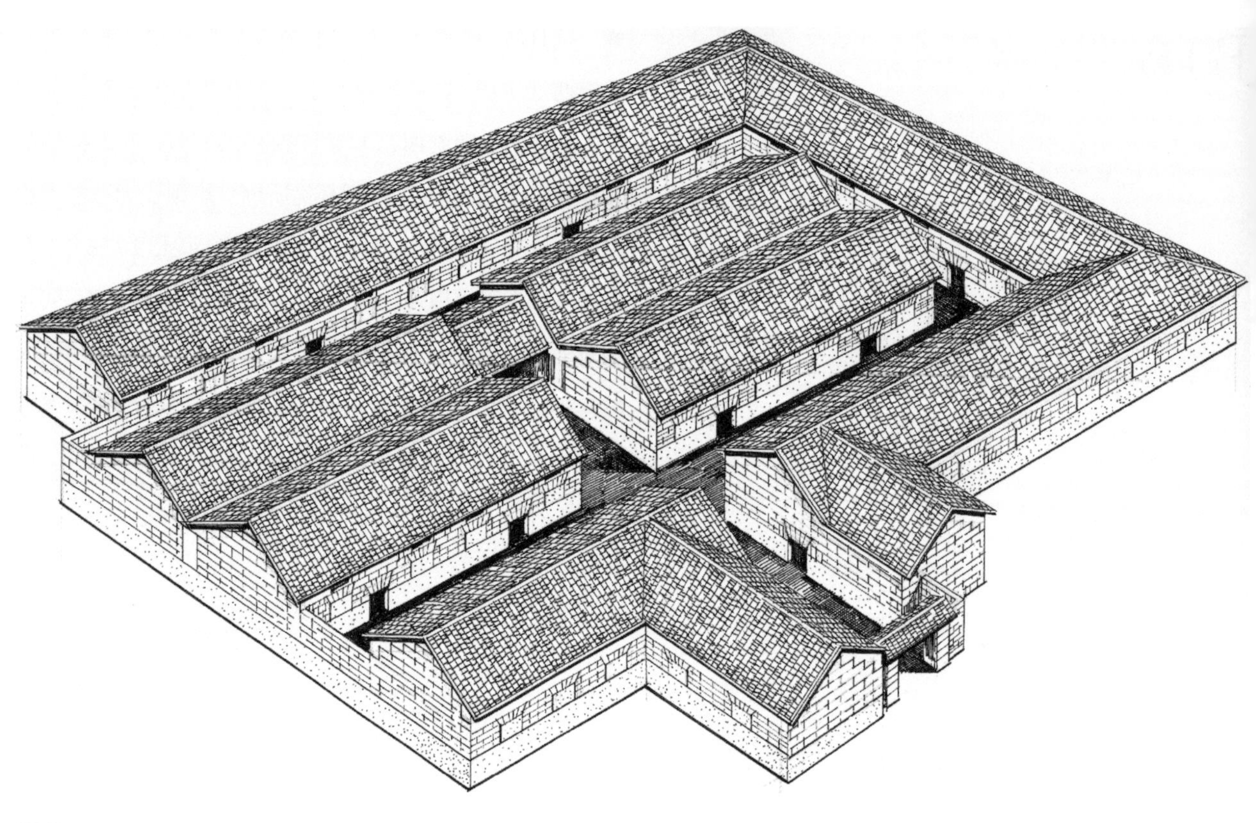
B18

B19

B18 晒网沱盐仓

● 晒网沱盐仓位于合川城区嘉陵江、涪江交汇处的南岸江边。盐仓建筑群始建于1936年，1940年建成，由当时的重庆市政府盐务局拨款监造。这座盐仓不但是抗日战争时期长江中段的八大盐仓之一，而且还是当时战略转运的官仓。库房占地3600平方米，呈“回”字形分布，最大储藏量7650吨。盐仓的基座由宽厚40厘米、长1米的条石铺砌而成，每块条石的接缝处都用糯米灰浆粘合，基座内再用石灰与炭渣填塞，表面铺设青砖，与周围的排水沟相结合，地面排水防潮效果优良。墙体用条石垒砌，墙裙表面作抹灰处理。墙的额头部分由1米左右的青砖垒砌，这可能是在使用过程中发现空间高度和气窗的高度略显低矮而做出的改造。

B19 华福卷烟厂

● 龙门浩马鞍山南段265号华福卷烟厂于1943年成立，有职工100多人，卷烟机10台，生产“华福”“三六”“火炬”等牌号香烟，是当时较大的卷烟厂。其数幢厂房均沿山地排列，另有老板住宅、食堂、库房、工人宿舍等附属建筑，建筑结构多以穿斗桁架、夹壁或板壁墙为主，唯有老板住宅为砖木混合结构。从建筑的结构和外观看，它是一个生产规模中等、机械和手工作坊相结合的私营工厂。

B18 * 合川晒网沱盐仓全景

B19 * 龙门浩华福卷烟厂生产及生活设施

B2＊玄坛庙强华实业股份有限公司厂房

B2＊强华实业股份有限公司办公楼梯道

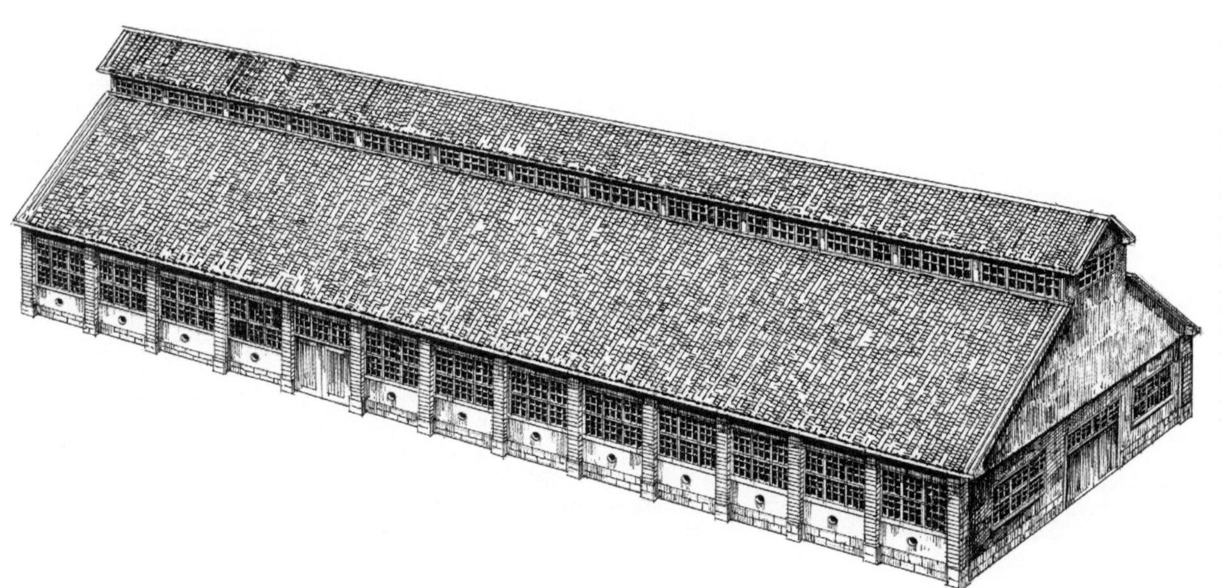

B5＊化龙桥重庆特种电机厂总装车间厂房

B9 * 白沙启明电灯公司发电厂房正立面

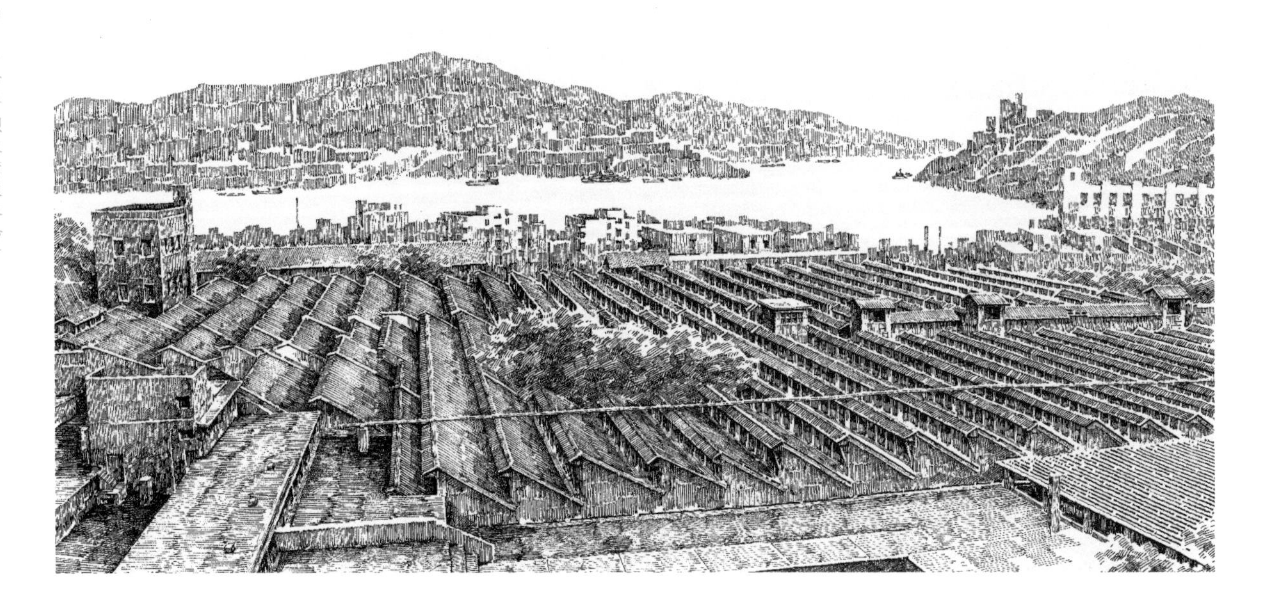

B12 * 沙坪坝土湾豫丰纱厂

B13 * 磁器口建于清宣统元年的重庆丝纺厂五车间单层老厂房

B15 * 窍角沱汉口裕华纺织公司渝厂老大门

B15 * 汉口裕华纺织公司渝厂变电站

B15 * 汉口裕华纺织公司渝厂厂房（前）和办公楼（后）

B15★汉口裕华纺织公司渝厂成品库房

B15★汉口裕华纺织公司渝厂老水塔

B15★汉口裕华纺织公司渝厂
抗日战争时期修建在厂区后部
山洞内的动力车间

军用、警用建筑与设施

军用、警用建筑与设施

Military Construction & Policedepartment Construction

MILITARY CONSTRUCTION & POLICE-DEPARTMENT CONSTRUCTION

● 重庆是长江上游之重镇，20世纪初，成为地方军阀竞相争夺之地，同时外国列强在渝势力也把重庆作为染指西南地区的前哨站。直至1933年刘湘统一四川，此地的军阀混战才告结束。

● 抗日战争时期，国民政府定重庆为战时首都，国家机关内迁重庆，在城内各工矿、要道、沿江两岸等重要地区布防重兵，保卫陪都安全。佛图关、虎头岩、南山、铜锣峡、歌乐山等诸多战略要地均有军队把守，并修筑了大量的军事设施和军队营房建筑，留存至今的旧址、遗址有：李子坝川军第二十一军军部、广阳坝机场、中坝海军学校及修械所、石井坡军械库库房、虎头岩防空报警台、南山防空战壕、铜锣峡江防炮台、佛图关兵营、唐家沱陆军医院等。另外，市内还有中美合作所训练营和当时的警察局、监狱、看守所等。当时建有大量军事用途的建筑物。同时也租用或占用社会房屋，如祠庙、住宅、办公楼、私家花园等。遗留下来的这类建筑有的已辟为展览馆，有的为企事业单位所使用，有的则成为一般居民住宅。

*国民革命军第二十一军军部大院鸟瞰

A 军用、警用建筑与设施

MILITARY CONSTRUCTION & POLICEDEPARTMENT CONSTRUCTION

A1

A2

A1

国民革命军第二十一军军部

● 李子坝正街186号，曾是当时四川省主席、二十一军军长刘湘公馆，也是国民革命军第二十一军军部。此地原是江西会馆地盘，地处李子坝公路靠嘉陵江一侧的缓坡地带。这里的原有建筑是清朝最后一任川东道尹柳善的府邸，因地形条件可攻能守，隐蔽性强，水陆交通方便，20世纪20年代末刘湘将其购下。

● 公馆内的建筑以刘湘居住、办公的大楼为主。该楼青砖白灰清水墙，临江面有宽敞的走廊，屋顶为歇山式，有壁炉烟囱和老虎窗，底楼作办公和会客使用，二楼为起居室。刘湘居住的楼房右侧有两幢平房，靠江的一幢为副官和警卫值班室，后面一幢为军部的会议室兼舞厅，两幢平房之间是盆景园。会议室兼舞厅外台阶下有地道，可以通往军部外面的江边。大院临江的左右两侧各有一个钢筋水泥暗堡，有观察孔和枪眼对准江面。军部大院内的其余房屋以及公路对面的一排平房，是当时二十一军部队驻扎的兵营和军械库。

● 1937年，抗日战争爆发，国民政府主席林森率政府各部迁都重庆，最初就是暂住刘湘公馆内。该建筑后为重庆造纸研究所使用，现为李子坝抗战遗址公园的一部分。

A2

左营街

● 清代绿营指挥部驻地，名为左营街，即今渝中区新华路左营街。辛亥革命后，四川军阀刘湘在此设督办处，民国时期左营游击署、左营守备署各据此街两端。新中国成立后左营街设有中国人民解放军重庆军分区、重庆警备区机关。左营街地区遗留有从清代、民国到五六十年代的各式军队营房、长官住房以及眷属宿舍。营房建筑有砖木结构的与急造式的木柱穿斗结构的，也有捆绑房。民国时期，主管这些营房的为国民政府军政部军需署营造司。

A1 * 李子坝国民革命军第二十一军军部大院鸟瞰

A2 * 新华路左营街街景

A3

A4

A5

A3 宪兵司令部

● 临江门大井巷有一幢清末巴东知县魏国平的私人住宅楼，1915年建造，地处渝中半岛临江门坡上最高处，可俯瞰嘉陵江和眺望远处的山川田野。楼高三层半，有地下室，建筑风格模仿欧洲文艺复兴时期的法式建筑，平面布局与立面结构强调对称形式。正面朝向嘉陵江，与侧立面有廊道相连接，正立面中部有外凸的圆弧形门廊，门窗柱式上有复杂的装饰线脚，令整个建筑显现出细致而整体的效果。日本领事馆曾租用这幢楼为办公用房，日本领事馆撤出后，这里成为国民党宪兵司令部所在地。1950年后该楼为重庆市公安局职工宿舍。

A4 中央训练团

● 1938年4月国民党临时全国代表大会决议对国民党员及公职人员进行训练，以应抗战，随后设立中央训练委员会，统一领导训练事宜并制订训练纲领、计划等，并在湖南创办“中央训练团”。1939年1月中央训练团迁入重庆，先驻江津，在重庆南温泉举办了第一期党政训练班，而后新团址定在重庆西郊佛图关。佛图关山上和山下，甚至关隘后侧的李子坝都曾设有中央训练团的训练基地和营房。

● 李子坝中央训练团军乐团驻地为一幢近似方形的砖木结构建筑。该楼紧靠鹅岭山体，面向嘉陵江，外立面装饰效果主要通过浑水砖墙和清水墙的墙体材质对比实现，正面有廊柱，外观朴实简洁，现代感较强。

A5 九龙坡机场空军飞行员宿舍

● 黄桷坪曾家湾铁路村1号建筑原为杨森公馆。抗日战争爆发后，作为重要战略大后方的重庆只有广阳坝飞机场，离市区太远，而对日空战需要战斗机就近起飞迎战，于是在九龙坡江边平坝上修建了一个军用机场，杨森公馆便被改造为空军飞行员的宿舍。该建筑砖石结构，墙面青砖勾红缝，正中的主楼体量较大，四坡式屋顶，两侧的厢房体量略小，悬山式屋顶，整体造型简洁、优雅、庄重。

A3＊临江门大井巷宪兵司令部楼房
A4＊李子坝中央训练团军乐团驻地
A5＊九龙坡机场空军飞行员宿舍

A6-1

A6-2

A6

广阳坝飞机场营房

● 1927年，国民革命军第二十一军军长兼四川省主席刘湘为扩大自己的势力，决定兴办航空并组建空军。1928年他派出代表前往法国订购飞机六架。他还派出一批学生赴法国学习航空技术。1929年，经过多方选址，在重庆南岸广阳坝，建成占地200亩的土质简易飞机场。广阳坝是长江边的古台基地被水流侵蚀而形成的一个岛屿，该岛东西长约5千米，南北宽约2千米，面积约8000平方千米。岛屿主体平坦，视野开阔，适宜飞机起降。1930年，二十一军航空司令部在广阳坝成立，刘湘自任司令，他先后购回十余架飞机组建起飞行队，同时新建了机场设施，后来还创建了航校。刘湘的飞行队为他在四川的军阀争霸战中屡建战功，也为他统一全川立下了汗马功劳。

● 抗日战争中，为了对付日本空军空袭重庆，1938年1月5日成立机场工程处，对广阳坝机场进行多次大规模改造扩建。作为当时重庆市对抗日军大轰炸的重要军事基地，广阳坝机场为抗战作出了贡献。

● 广阳坝机场地勤保障警卫部队和防空部队分别驻扎在机场旁边的上营房、中营房和下营房。抗日战争中、下营房被敌机炸毁。随着重庆其他几个更适应现代航空要求的白市驿、九龙坡等机场的相继建成，广阳坝机场逐步完成了历史使命，如今已废弃。机场周围仅存有当时机场地勤保障人员、警卫部队及防空部队居住的中营房和上营房，以及上坝的美军飞行员招待所。另有若干碉堡、油库散布在机场周围。

● 广阳坝上坝美军招待所并不仅仅是美军飞行员使用，国军飞行员也住在此。该招待所离机场有数千米的距离，建筑为三幢单体砖结构平房组成的合院式院落。这种小院当时共有十多幢，比较集中地分布在上坝附近。作为生活区，还建有礼堂、餐厅、酒吧、舞厅等。招待所的房屋比较简单，但建筑的质量比营房更好，墙面为青砖勾红缝，四周绿树成荫，有很好的隐蔽性。1949年后机场由人民解放军川东军区接管。

A6-1 * 广阳坝机场美军招待所

A6-2 * 广阳坝机场地勤部队军官宿舍——中营房

A7

A8

A9

A7 军政部陆军大学礼堂

● 国民政府军政部所属陆军大学1940年迁来重庆，坐落在沙坪坝山洞街左家湾。校内9幢主要房屋均为中国宫殿式古典风格，砖木结构，外形富有气势。其中，大学礼堂体量较大，为传统的中国殿宇式建筑，布局严谨，结构和谐。入口处四根高大的红色立柱架起一重飞檐，赋予整座殿宇巍峨、肃穆的气势。

A8 中坝海军军官学校校舍

● 抗日战争爆发后，国民政府海军部的海军军官学校和海军修械所迁到了巴县木洞的中坝岛上，新建占地4亩的校园，主要校舍是一幢长条形有多间教室的平房。另外利用岛上原有的万寿宫作为海军部的修械厂，专门负责维修在战斗中损坏的枪炮。在中坝这段时间，军校培养了数十位海军军官。

● 1947年设在万寿宫的修械厂发生爆炸事故，造成房屋损坏和人员伤亡。之后军校和修械所便逐渐撤离中坝岛。1950年军校旧址改为巴县师范学校，后为中坝大队小学使用。

A9 军统局电讯总台

● 国民党军统局电讯总台曾设在重庆佛图关下礼园左侧的遗爱祠街。它是由美国援建的现代化电讯中心，从这里发出的电讯，指挥着其在海内外的数百个秘密情报组织、数十万秘密特工。电讯总台的主要建筑为一幢隐匿在小巷中、略显神秘但并不引人注目的石结构别墅式楼房并有相关附属建筑若干。

A7 * 山洞街陆军大学大礼堂
A8 * 木洞中坝海军军官学校校舍
A9 * 遗爱祠军统局电讯总台遗址

A10

A11

A12

A10 第一军械总库三分库

● 抗日战争时期沙坪坝石井坡原国民政府军事部门设立的第一军械总库三分库，是储存和转运武器弹药的大型军用仓库。军械库所处地势险要、高低错落，林木茂盛，十分隐蔽。仓库库房由于条件的限制，主要以木结构夹壁墙为主，质量都不高。1951年中国人民解放军接管后将其改为陆军第十三军直属351仓库，并将老旧建筑逐步拆除重建，后仅存三分库原大门建筑和编号为53号的小型步枪子弹库房。与53号库房完全相同的库房在此仓库区内曾多达二十多幢，形制结构完全一样，分散隐蔽在复杂地形的各个角落。53号库房为下沉式建筑，地上一层地下一层，二分之一的房体完全沉降在基坑之中，整体为砖墙，地下室裙墙为石墙，四坡屋顶，地上层驻守卫兵，地下层储存弹药，基坑四周有1米厚的石砌防爆挡墙。库房的分散布局和厚重的挡墙是为防止出现意外后相互影响造成连环殉爆。该仓库区今为石井坡街道办事处使用。

A11 联勤第五通信器材库

● 大坪石油路正街有一处建筑，曾是民国时期陆军联合勤务总司令部第五通信器材库，是当时的军用品仓库。此库平面为矩形，外墙为全石结构，坚固、实用。气楼架在歇山顶上，外观很有特色，采光、通风、防潮性能较好。在其周围，相类似的库房共有三幢，均为部队院校学员实习工厂厂房。

A12 江防部队弹药库

● 抗日战争期间，重庆沿江有江防部队扼守重要关口、要塞，阻止敌人溯江而上，对重庆形成威胁。铜锣峡就是一道重要的防线。当时的江防部队弹药库，修建于唐家沱铜锣山崖壁之下，位置极为隐蔽，与正对长江的碉堡等江防工事形成一个整体。弹药库系全石结构建筑，且条石砌筑的质量极高，整幢建筑简洁、牢固、美观。

A10 * 石井坡第一军械总库三分库53号库房俯视
A11 * 石油路联勤第五通信器材库
A12 * 铜锣峡江防部队弹药库

A13

A14

A13 炮台山兵营

两路口国际村104号、105号两幢建筑在抗日战争时期是驻守炮台山的防空部队营房，左侧为士兵营房，右侧为军官住房。两幢建筑均系砖木结构，一层为砖墙，二层为夹壁墙。建筑整体色调为黄灰色，是民国后期比较典型的兵营建筑。在军官住房的右侧还保留有一个钢筋混凝土地下暗堡，用作突发事件时的隐蔽之所。

A14 美军汽车修理站

抗日战争时期，援华美军在市中区化龙桥正街一侧建有汽车修理站。该站院内分别有“L”和“1”字形的砖木结构平房两排，均为修理车间，是当时美军所使用各类军用吉普车和军用卡车的集中修理点，人们习惯把这个修理站称为“美国车站”。抗日战争胜利，美军汽车修理站裁撤后，此处曾设立联勤第六处辎储运库，20世纪60年代起为重庆汽车运输公司23队使用。

A13 * 两路口炮台山防空部队营房

A14 * 化龙桥美军汽车修理站

A15

A16

A15

中美特种技术合作所总办公室

1943年，中美特种技术合作所在重庆成立，下设军事、情报、心理、气象、行动、交通、经理、医务、总务9个组和1个总办公室、1个总工程处。抗日战争时期的中美特种技术合作所总办公室设在建于20世纪30年代末的戴笠的公馆，因位于杨家山脚，被称为杨家山戴公馆。此建筑为一横两纵三幢长条形平房连接而成，砖木结构，进深5米，各房间前有柱廊相连。建筑所用材料极为普通，样式显得单薄，只是在柱廊立面的平直女儿墙墙额上用了商业牌楼常见的双菱形装饰图案。

A16

西南军政长官公署第二处办公楼

储奇门凯旋路复旦中学后坡堡坎上曾有一栋三层小楼，外观很普通但用途很特别，在20世纪40年代，它周围戒备森严。这就是国民政府国防部保密局在西南地区的情报机构，徐远举任处长的西南军政长官公署第二处驻地，门牌是市中区较场口79号。楼房背靠较场口，面临长江，楼旁有钢筋水泥砌筑的地洞与暗堡。该楼1950年后由西南文教部使用，后为区教育局职工宿舍。

A15 * 中美特种技术合作所总办公室正立面
A16 * 凯旋路西南军政长官公署第二处

A17

A18

A17 玄坛庙警察分局

● 1930年重庆市政府在南岸设公安分局，与市政管理处合署办公，1937年更名为南岸警察分局。南岸警察分局位于玄坛庙老街南岸茶厂正下方道路旁，是一幢单体西式建筑。此建筑地下一层、地上二层，正面有券廊，五开间，圆拱窗，背后是8米左右的高堡坎，坎下是溪沟。地上两层设办公室，地下层为关押嫌疑人员的拘留所。1949年后该楼房为航运公司医务室使用。

A18 内政部第二警察总队

● 化龙桥的虎头岩半坡上，有依山而建的若干幢房屋，背山面水，一条几十米高的瀑布从右侧悬崖倾泻而下，地势险峻，景色宜人。这些隐藏在悬崖下的神秘建筑是当时一个营造厂的房产开发项目，原本打算卖给外国使领馆或银行高管作郊外别墅使用，抗日战争爆发后，因其偏僻隐蔽而被征用，曾作为防空司令部，后又为国民政府内政部第二警察总队驻地。

● 化龙桥虎岩村24号当时是内政部第二警察总队郊外驻地，建筑地下一层、地上二层，建在坡地上，有山地建筑的特征，靠溪沟一面以吊脚的方式向崖下跌落而固定在崖壁上，基脚处做架空处理，用三个连续拱券承受上面的质量，减轻了建筑的沉重感，所形成的坚固拱洞能躲避敌机的空袭。该建筑不固守旧式建筑的传统，形体错落有致，立面造型形式新颖，富有生气。前后上下宽大阳台的设置，突出了横向线条和竖向石柱之间的对比。建筑立面囊括了竹笆夹壁墙、砖墙、石墙、钢筋混凝土构件等多种形式，各种材质肌理的丰富变化都集中于这幢有着西方现代派风格的建筑上。

● 再往里面深入，在隐蔽性很强的半坡上还有多幢曾用于办公和居住的建筑。其中虎岩村16号曾是内二警官员的居住用房，依倾斜度很大的山坡修建，是比较典型的山地错层式建筑。房屋底层用防潮的石墙，二层为混水砖墙，歇山式的屋顶富于变化，建筑左侧的柱廊和实墙所产生的虚实变化极富趣味性。虎岩村建筑群由于隐蔽性强，1964年被定为重庆档案馆化龙桥战备库房，后为重庆市女子看守所。

A17 * 玄坛庙警察分局楼房

A18 * 化龙桥虎岩村24号内二警办公楼

A19

A20

A19

四川省第二监狱

● 原四川省第二监狱的前身是“西南公安部磁器口农场”，1955年更名，1958年迁入南岸弹子石五一村的孙家花园。孙家花园于1927年由中和银行总经理孙树培建成。园内分果园、花园两部分，建有水池、假山、亭台楼阁。

● 监狱在原有建筑基础上进行了扩建，主要收押男性成年犯人。监狱中的劳动工厂建于20世纪50年代，为钢筋混凝土砖混结构，是为犯人提供劳动改造的场所。狱中有一处监舍，包括抬梁式屋架在内全部为钢筋混凝土结构，外墙青砖垒砌，既牢固，防火性能又好，监舍内部分为两个功能区，左侧为犯人工作区，右侧为生活区。

A20

白公馆看守所

● 沙坪坝歌乐山麓的白公馆本是原四川军阀后为国民革命军第20军第一师师长白驹修建的郊外别墅，建于20世纪30年代。该别墅以一楼一底、三面有环廊的建筑为主，另有若干辅助房屋围合。白驹自认为是唐代诗人白居易的后裔，便以白居易的字号“香山”为名，刻“香山别墅”于公馆正门之上，左右门柱上刻有“洛社风光闲适处，巴江云树望中收”。白公馆所选基址是一处前望嘉陵江，后涌清泉，水石云烟，尽览山水胜景之地。

● 白公馆房屋被山石松柏掩映，所处位置极为隐蔽，地形非常险峻、幽深。1938年秋，国民政府军统局将其买下，经戴笠实地查看后将它改为“军统局本部直属看守所”，原储存粮食的半地下室改为地牢，防空洞改为刑讯室，其他房屋改为牢房。狱内高墙重门，电网密布，内有特工看守，外有士兵放哨。1943年中美合作所成立后，白公馆曾作为来华美军人员招待所，原有被关押人员迁到渣滓洞，1945年又改回特别看守所。重庆解放前夕，白公馆和渣滓洞的革命志士们惨遭敌人杀害，先烈们用生命和鲜血铸就了伟大的红岩精神，必将彪炳史册，浩气长存！

A19 * 弹子石四川省第二监狱劳改厂房
A20 * 沙坪坝白公馆监狱及周边环境

A21

A21

民居院落中的石拱券地屋

储奇门文化街16号院入口处有一高台，台高5米，台体内部为一个半下沉式石拱券地屋。地屋面积24平米，石墙厚80厘米，结构异常坚固，石墙外又加砌砖墙，三面做有假窗，外观普通，但隐蔽性、牢固性极强。这石构建筑的用途一直是个谜。当地住户坚持认为是清末和民国时期官府用来关押、审理死囚的神秘地牢，其顶部平台为操斩台。

包括石拱券地屋在内的整个建筑群以两进合院式建筑为主，四周宽敞明亮。房屋的西洋柱式、局部装饰，以及窗户的彩色玻璃都显示出近代大户人家宅院的特征。合院式建筑群前部右侧的高台则是人们所说的操斩台，外形有些类似碉楼，正对大街，由二十多步大石梯连接上下。

民国后期，大院由城防部队驻扎，20世纪50年代后成为居民住宅，住户因为忌讳，用泥土将地屋填埋，直到60年代才再度挖开使用。

该建筑2010年2月拆除时，笔者恰好在场，看到了石拱券地屋露出的结构：它由三层条石交错垒砌而成，特别是顶部防护层尤其考究，用条石、无钢筋混凝土作盖板叠压在多根原木上，再置于有槽沟的石垄、砖垄上。防护层既坚固，又有一定的缓冲空间，能最大限度降低炸弹轰炸带来的破坏。结合整个建筑群的民居特点，其实它很可能是一个抗日战争期间民居大院中垒砌于平地之上的有防空袭功能的隐秘券洞。是当时商人用于秘藏特殊物资，或隐藏私人财宝兼有防空袭功能的构筑物。可以作为抗战时期除常见崖壁防空洞之外，民间在平地建造防空设施的一个典型案例。

A21 * 储奇门文化街16号院全景

↑A1＊国民革命军第二十一军军部会议室兼舞厅（左）、副官及警卫办公室（右）

↓A8＊中坝海军军官学校大门

A10＊第一军械总库三分库大门

A17＊玄坛庙警察分局楼房入口及附近街道

A18＊化龙桥虎岩村16号内二警官员住宅

＊牛角沱中统局重庆实验区工作站

A18＊虎头岩悬崖半坡上的内二警总队房屋远眺（左侧为虎头岩瀑布）

A19 * 四川省第二监狱监舍

A21 * 储奇门文化街16号院临街外景

A21 * 石拱券地屋结构剖视图

参考文献

References

[1] 周勇. 重庆通史 [M]. 重庆: 重庆出版社, 2003.

[2] 陆大钺. 抗战时期重庆的兵器工业 [M]. 重庆: 重庆出版社, 1997.

[3] 彭伯通. 重庆地名趣谈 [M]. 重庆: 重庆出版社, 2001.

[4] 张复合. 中国近代建筑研究与保护 [M]. 北京: 清华大学出版社, 2001.

[5] 杨嵩林. 中国近代建筑总揽重庆篇 [M]. 北京: 中国建筑工业出版社, 1993.

[6] 许可. 重庆古今谈 [M]. 重庆: 重庆出版社, 1984.

[7] 重庆市地方志编纂委员会. 重庆地方志（第一卷）[M]. 成都: 四川大学出版社, 1992.

[8] 重庆市南岸区地方志编纂委员会. 重庆市南岸区志 [M]. 重庆: 重庆出版社, 1993.

[9] 厉华. 风雨白公馆 [M]. 重庆: 重庆出版社, 2005.

[10] 邓又萍. 陪都溯踪 [M]. 重庆: 重庆出版社, 2005.

[11] 杨筱. 陪都名人故居 [M]. 重庆: 重庆出版社, 2005.

[12] 王绍周. 中国近代建筑图录 [M]. 上海: 上海科技出版社, 1989.

[13] 陈志华. 建筑艺术 [M]. 建筑工程出版社, 1955.

[14] 埃米莉·科尔. 世界建筑经典图鉴 [M]. 陈镌, 译. 上海: 上海人民美术出版社, 2004.

[15] 中国建筑史编写组. 中国建筑史 [M]. 北京: 中国建筑工业出版社, 1984.

[16] 龙彬. 近代重庆城市发展的三个重要时期 [M]. 北京: 清华大学出版社, 2001.

[17] 池泽宽. 城市风貌设计 [M]. 天津: 天津大学出版社, 1989.

[18] 隗瀛涛, 周勇. 重庆开埠史 [M]. 重庆: 重庆出版社, 1983.

[19] 蓝锡麟. 白沙 [M]. 重庆: 重庆出版社, 2003.

[20] R. 斯特古斯. 国外古典建筑图谱 [M]. 中光, 译. 北京: 世界图书出版社, 1990.

[21] 程大锦. 建筑: 形式、空间和秩序 [M]. 天津: 天津大学出版社, 2005.

[22] 重庆市地方志编纂委员会. 重庆地方志（第二卷—第十四卷）[M]. 重庆: 西南师范大学出版社, 2004.

[23] 重庆教育志 [M]. 重庆: 重庆出版社, 2002.

图书在版编目(CIP)数据

重庆近代城市建筑 / 欧阳桦著. -- 重庆 : 重庆大学出版社, 2022.2

ISBN 978-7-5689-2413-9

Ⅰ. ①重… Ⅱ. ①欧… Ⅲ. ①建筑史—重庆—近代 Ⅳ. ①TU-092.5

中国版本图书馆CIP数据核字(2020)第269106号

重庆近代城市建筑

CHONGQING JINDAI CHENGSHI JIANZHU

欧阳桦　著

策划编辑　张　婷　林青山

责任编辑　张　婷　　书籍设计　M^OO Design

责任校对　刘志刚　　责任印制　赵　晟

重庆大学出版社出版发行

出版人: 饶帮华

社址: (401331)重庆市沙坪坝区大学城西路21号

网址: http://www.cqup.com.cn

印刷: 天津图文方嘉印刷有限公司

开本: 889mm×1194mm　1/16　印张: 23.5　字数: 583千　插页: 8开20页

2022年2月第1版　2022年2月第1次印刷

ISBN 978-7-5689-2413-9　定价: 198.00元